LA
FAMILLE WIELAND,

ou

LES PRODIGES.

TOME PREMIER.

Nous sommes chargés par l'Auteur d'annoncer qu'il met la présente édition sous la sauve-garde des lois et de la probité des citoyens ; déclarant qu'il poursuivra devant les Tribunaux tout contrefacteur ou distributeur d'éditions contrefaites, et assurant à celui qui les lui fera connaître ou à nous, la moitié du dédommagement que la loi lui accorde. Tout exemplaire qui ne sera pas revêtu de notre signature, est désavoué par l'Auteur, et sera regardé comme contrefaçon.

Telle Fut la Fin de mon Père et
Jamais, il n'y en eut de plus mis-
-térieuse.............

LA
FAMILLE WIELAND,

OU

LES PRODIGES,

TRADUCTION LIBRE

D'UN MANUSCRIT AMÉRICAIN,

Par PIGAULT-MAUBAILLARCQ,

MEMBRE CORRESPONDANT DE LA SOCIÉTÉ PHILOTECHNIQUE.

« Lisez et frémissez, il n'y a rien ici
« de fabuleux. »

TOME PREMIER.

A CALAIS,
De l'Imprimerie de MOREAUX & Ce,
Imprimeurs de la Mairie.
1808.

A MON FRÈRE

PIGAULT-LE-BRUN.

———◦◦◦◦———

Tu m'as tant de fois engagé à écrire que, cédant à ce conseil, je me suis déterminé à te présenter ce premier essai.

Si cet hommage était dû à l'amitié, c'est encore à toi que je devais l'offrir.

J'ai résisté long-temps, parce que Piron a dit qu'on pouvait être le frère d'un homme d'esprit et n'être cependant qu'un sot; et je devais craindre en effet de voir renouveler sa plaisanterie, en paraissant vouloir établir entre nous un point de comparaison.

Ne pouvant donc espérer de me traîner dans le sentier de la gaîté et de la folie, que tu parcours d'une manière aussi brillante qu'originale, j'ai dû prendre un chemin tout opposé; et, comme il faut de tout dans une famille, devenir *Jean qui pleure*, puisque tu es en possession, depuis si long-temps, d'être *Jean qui rit.*

Continue de faire *rire* tous les états policés de l'Europe; je me contenterai, moi, de les faire *pleurer*, si je puis : les auteurs de nos mélodrames assurent que cela n'est pas très-difficile.

AVERTISSEMENT.

On n'a eu d'autre but, en imprimant cet Ouvrage, que de présenter quelques points importans de la constitution morale de l'homme ; et le lecteur instruit décidera s'il faut classer cet ouvrage parmi les productions frivoles, ou parmi celles dont l'utilité promet un succès durable.

Les événemens qu'il présente sont certainement très-extraordinaires; mais quoiqu'ils approchent du merveilleux, on verra qu'ils correspondent cependant, par leurs résultats, avec les principes connus qui régissent la nature.

La puissance dont se trouve investi le principal personnage qui y figure, n'est pas sans exemple ; et si la conduite du jeune Wieland peut paraître extraordinaire au plus grand nombre, elle sera jugée différemment par ceux qui, ayant étudié le cœur humain, connaissent les ressorts secrets qui le pervertissent et l'égarent.

En vain objecterait-on que d'aussi déplorables erreurs sont rares : que l'histoire en

présente un seul exemple, et l'auteur sera
justifié.

On prévient cependant les lecteurs trop
sensibles, à qui les romans d'*Anne Ratcliffe*
ont fait trop d'impression, de fermer ce livre ;
car l'ébranlement moral que leur en ferait
éprouver la lecture, serait sans doute d'un
effet incalculable et terrible.

LA
FAMILLE WIÈLAND
OU
LES PRODIGES.

CHAPITRE PREMIER.

J'éprouve peu d'éloignement à satisfaire votre demande. Vous ne connaissez pas la cause de mes peines ; vous ignorez l'étendue de mes malheurs, et vos efforts pour me porter des consolations doivent être sans effet. Je ne cherche pas à exciter votre compassion; mais au milieu du désespoir, je ne suis pas encore insensible à ce qui peut être utile à mes semblables.

Je reconnais le droit que vous avez d'être informé des événemens étonnans qui viennent de se passer dans ma famille. Faites-en l'usage que vous jugerez convenable. S'ils sont rendus publics, ils convaincront de la nécessité d'éviter toute dissimulation ; ils offriront un exemple de la force des premières impressions et des malheurs incalculables que peuvent produire des principes erronés.

Ma situation n'est pas dépourvue de tranquillité ; le sentiment que j'éprouve n'est pas l'espérance ; l'avenir même n'offre rien à ma pensée ; je suis absolument indifférente à tout ce qui peut arriver, parceque je sens que je n'ai plus rien à craindre : le sort a épuisé sur moi ses traits les plus déchirans, et je suis devenue totalement insensible au malheur.

Je ne demande rien à l'Être suprême : la puissance qui gouverne ce monde, a décidé de mon sort, et le décret qui fixe ma destinée est sans appel. Il est, sans doute, établi sur les bases de son équité éternelle ; c'est ce que je n'ose examiner ; c'est même ce dont

je n'ose douter ; mais il me suffit que
le passé soit irrévocable.

Le torrent qui detruisit notre félicité
et changea en un désert affreux la
plus flatteuse existence , se repose
aujourd'hui dans un calme effrayant ,
mais après avoir torturé sa victime ,
après avoir triomphé de tous nos
efforts par sa rage impétueuse , après
avoir enfin anéanti jusqu'au souvenir
du bonheur.

Quel étonnement va vous causer
mon histoire ! Chacun de vos sentimens
cédera à la surprise , à l'effroi ; et si
mon témoignage n'était pas appuyé de
preuves incontestables , vous le rejet-
teriez comme incroyable , parce que
l'expérience n'en a peut-être jamais
offert d'exemple.

Que parmi les êtres innombrables
qui peuplent le monde , je me sois vue
réservée à éprouver une semblable
destinée , cela me paraît inexplicable.

Écoutez donc cet étonnant récit, et dites-moi ce qui a pu me valoir la fatale préférence d'être ainsi accablée d'infortunes, et si l'on ne doit pas regarder comme un prodige de me voir exister, et capable encore de vous donner ces affreux détails.

Mon grand-père, originaire de Saxe, et cadet de la maison de Wieland, sans être allié à l'auteur de ce nom, ayant, dans sa jeunesse, visité Hambourg, y fit la connaissance de Léonard Weise, négociant de cette ville. Il devint éperdument amoureux de sa fille unique; et, malgré les défenses et les menaces de sa famille, il ne tarda pas à l'épouser. Cette famille s'offensa grièvement d'une alliance qu'elle regardait comme disproportionnée, et depuis il n'en reçut d'autre traitement que celui qu'aurait pu en attendre l'ennemi le plus détesté.

Il trouva un asile dans la maison de

son beau-père, excellent homme, qui, flatté de cette alliance, crut avoir agi avec la plus grande sagesse en disposant ainsi de sa fille.

Mon grand-père se vit bientôt dans la nécessité de chercher quelques moyens d'existence. Sa jeunesse avait été consacrée à la littérature et aux arts, il les avait jusqu'alors cultivés pour son amusement; mais il devait actuellement les faire servir à prévenir ses besoins. Il consacra donc tous ses momens à la composition de pièces de théâtre, à celle de la musique, qui lui procurèrent quelque aisance, et il mourut généralement regretté, à la fleur de son âge.

Sa femme lui survécut peu; mon père, leur fils unique, élevé par le bon *Weise*, fut, à l'âge de quinze ans, envoyé en apprentissage chez un marchand à Londres, et passa sept années dans cette espèce de servitude.

Mon père ne fut pas heureux avec

celui chez qui il fut placé. Traité avec
beaucoup de rigueur, chaque instant
de sa journée était laborieusement
employé. Ses devoirs étaient pénibles
et rebutans ; élevé pour la profession
qu'on lui destinait, il n'était tourmenté
par aucun desir déraisonnable. Son
état lui déplaisait, non parce qu'il en
désirait un autre, mais parce que des
travaux fatigans, dirigés par un maître
sévère, le rendaient malheureux. Aucune récréation ne lui était permise ; il
passait son temps dans un réduit sombre ; son logement était triste et solitaire, et ses alimens simples et insuffisans.

Son ame contracta peu à peu une
disposition rêveuse et mélancolique.
Il ne pouvait cependant définir ce qui
manquait à son bonheur. Il n'était
tourmenté par aucune comparaison
entre sa situation et celle des autres.
Il la croyait conforme à son âge et
à son état ; mais sa servitude lui était

à charge, et chaque heure de la journée lui paraissait bien lente à s'écouler.

Il lui arriva, dans cet état d'anxiété, de mettre la main sur un ouvrage calviniste. Il n'aimait pas la lecture, et n'avait aucune idée du pouvoir qu'elle a d'amuser ou d'instruire. Ce volume, enseveli sous la poussière, était resté, pendant plusieurs années, dans un coin de son galetas ; cent fois il l'avait remarqué et jeté de place en place, sans penser à en examiner le contenu, ni même à voir de quel sujet il pouvait traiter.

Un dimanche après-midi, seul jour de la semaine où il jouissait d'un peu de repos, retiré dans ce galetas, il jeta les yeux sur une page de ce livre, qui par hasard se trouvait ouvert et placé sous ses yeux. Assis sur le bord de son lit et occupé à réparer quelques parties de ses vêtemens, sa vue errant çà et là s'arrêta enfin sur cette page.

Les mots, *cherchez et vous trouverez*, furent les premiers qui fixèrent son attention. Sa curiosité excitée lui fit jeter son ouvrage et prendre le livre. Plus il lut, plus il se sentit entraîné à continuer sa lecture, et il regretta bientôt que la chûte du jour vînt l'obliger à la suspendre.

Ce livre contenait l'exposition de la doctrine des Camisards. Ses facultés étaient alors particulièrement disposées à recevoir des impressions religieuses ; et le besoin qui le tourmentait ayant enfin trouvé un aliment, son esprit cessa de chercher un sujet de méditation.

Comme il se levait généralement avant le jour, et allait se coucher dans l'obscurité, il se munit de tout ce qui était nécessaire pour se procurer de la lumière ; il employa la journée du dimanche et les nuits de la semaine, à l'étude constante de cet ouvrage ; et trouvant qu'il contenait beaucoup de

citations de la bible , et que toutes ses
conséquences paraissaient appuyées du
texte sacré , il se crut obligé de pousser
au moins son examen jusque-là , quoiqu'il jugeât inutile de remonter au-delà,
vers la source des vérités éternelles.

Il se procura donc une bible , dont
il entreprit la lecture avec ardeur. Il
venait de recevoir une impulsion toute
particulière ; ses idées se renfermèrent
dans le même cercle , et ses progrès
dans le développement de sa croyance
furent rapides. Chaque fait, chaque
dogme de l'Écriture sainte , furent
considérés avec le prisme que l'ouvrage
de l'apôtre Camisard lui avait présenté ;
les conséquences qu'il en tira furent
aussi promptes que hasardées ; un
précepte ne fut pas employé à en fortifier ou à en appuyer un autre : de-là
mille doutes, mille scrupules auxquels
jusques-là il avait été étranger. Agité
par la crainte , son ame dans l'extase

se crut enveloppée des pièges de l'ennemi de son salut, dont elle ne pouvait se garantir que par des prières ferventes et des veilles continuelles.

Sa morale, qui n'avait jamais été relâchée, devint encore plus sévère. L'empire des devoirs religieux s'étendit sur ses regards, ses gestes et ses discours; toute légèreté dans ses propos, toute négligence dans sa conduite, furent sévèrement réprimées; son maintien devint sombre et contemplatif; il s'étudiait à entretenir son ame dans un sentiment de crainte, dans la persuasion de la présence imposante de la divinité; et toute idée étrangère à celles-ci, fut soigneusement écartée, parce que leur usurpation lui paraissait un crime qu'il ne pouvait expier que par un long et douloureux repentir.

Telle fut sa vie pendant l'espace de deux années. Aucune déviation, aucune distraction ne vinrent en interrompre le cours : chaque jour le confirmait dans sa manière de penser ; et si quelquefois ces dispositions paraissaient céder à des intervalles de découragement, quand quelques doutes se présentaient, cette situation devenait de plus en plus rare, parce qu'il était parvenu à se créer une manière assez uniforme de voir et de sentir.

Son apprentissage était enfin terminé. Parvenu à l'époque de sa majorité, il devenait possesseur, par le testament de son grand-père maternel, d'un petit capital qui pouvait à peine suffire pour l'établir dans sa profession ; il n'avait rien à espérer de la générosité ni de la bienveillance de son maître ; son séjour en Angleterre lui était à charge, et il trouva dans l'état actuel de ses affaires, un motif pour aller s'établir ailleurs : motif qui bientôt reçut un nouveau dégré de force, par l'idée dont il s'était pénétré, que son devoir l'obligeait à répandre et à propager les vérités évangéliques parmi les nations incrédules. Il fut d'abord effrayé des dangers et des fatigues auxquelles la vie d'un missionnaire allait l'exposer, et cette appréhension le rendit fertile en expédiens pour retarder l'exécution de ce projet, sans qu'il lui fût cependant possible de cesser de se croire destiné à remplir ce pénible devoir. Cette persuasion se fortifiait par chaque nouveau combat, et elle devint bientôt telle qu'il résolut enfin de céder à ce qu'il regardait comme un décret de l'éternel.

Les sauvages de l'Amérique septentrionale se présentèrent d'abord à lui comme des objets dignes de cette espèce de bienveillance ; et à peine eut-il converti sa petite fortune en argent comptant, qu'il s'embarqua pour Philadelphie. Là, ses craintes commencèrent à renaître ; et une connaissance plus approfondie des habitudes de ces sauvages, ébranla de nouveau sa résolution.

Il l'abandonna pour quelque temps ; et ayant acheté une jolie ferme près du village de Mettinghen, sur la rivière Schuylkill, à quelque distance de la ville, il s'y occupa exclusivement de la culture. Le bas prix des terres et le service des esclaves africains, alors généralement adopté, lui procurèrent tous les avantages de la fortune en Amérique ; lorsqu'il serait resté à jamais indigent en Europe.

Ainsi se passèrent quatorze années dans les travaux pénibles et lucratifs de l'agriculture et peu à peu de nouveaux objets, de nouveaux soins, de nouvelles idées, achevèrent d'effacer presque entièrement les premières impressions de sa jeunesse.

Ayant considérablement augmenté

ses biens, il quitta son habitation de
Mettinghen, pour occuper une riche
métairie qu'il venait d'acheter à peu
de distance de la première ; et ayant
fait la connaissance d'une jeune et jolie
personne, d'un caractère doux et tranquille, mais d'une intelligence aussi
foible que la sienne, il demanda sa
main, qui lui fut bientôt accordée.

Son industrie l'avait assez favorisé
pour qu'il crût pouvoir se dispenser non-
seulement de toute fatigue, mais même
d'une surveillance trop assujettissante.
Jouissant de beaucoup de loisir, il fut
bientôt assailli par ses idées contem-
platives,

La lecture des ouvrages pieux et
mystiques devint encore pour lui une
occupation favorite ; ses anciennes
idées se renouvelèrent avec plus de
force, et son premier projet de conver-
sion des hordes sauvages se présenta
avec une nouvelle énergie ; mais aux

obstacles qui l'en avaient déjà éloigné,
se joignaient alors ceux de l'affection
paternelle et conjugale ; aussi ses
combats furent-ils longs et opiniâtres.
Cependant, le sentiment de ce qu'il
appelait un devoir, ne pouvant plus
être étouffé ni affaibli, triompha
bientôt de tout autre, et son départ fut
enfin arrêté.

Ses efforts, dans cette pénible entreprise, ne furent pas heureux : car si
ses exhortations obtenaient quelques
succès, elles étaient bien plus souvent
repoussées par le mépris et l'insulte.
Il rencontra dans cette nouvelle carrière
les périls les plus éminens; il éprouva
le besoin, les maladies, l'abandon et
des fatigues incroyables. La licence des
passions de ceux qu'il voulait convertir
et éclairer, et plus encore l'exemple de
la dépravation des colons américains,
s'opposèrent à ses succès.

Son courage cependant ne l'abandonna pas, tant qu'il crut entrevoir
quelque apparence favorable : il ne
quitta la carrière qu'il avait embrassée,
que lorsqu'il se crut véritablement
dégagé de l'obligation d'y persévérer,
et il revint dans sa famille avec une
santé dérangée et le chagrin bien cui-
sant d'avoir échoué dans son entreprise.

Quelques instans de tranquillité
succédèrent à cette vie fatigante et
vagabonde. Sobre, frugal, exact observateur de ses devoirs domestiques, il
ne se rapprochait d'aucune secte,
parce que ses principes ne sympati-
saient avec aucune.

La prière commune par laquelle elles
se distinguent, contrariait ouvertement
sa façon de penser ; il interprétait
rigoureusement le précepte qui enjoint
d'adorer, de prier dans la solitude et
de s'éloigner alors de toute société.
Cet acte solennel exigeait, suivant lui,

non

non-seulement le silence et le recueillement, mais encore l'éloignement et
le secret; c'est pourquoi il avait fixé
une heure dans le jour et une autre
dans la nuit pour l'accomplir.

A la distance de six cens pas de sa
maison, il construisit sur le sommet
d'un rocher escarpé et couvert de cèdres,
un petit bâtiment qui ne paraissait être
qu'un pavillon d'agrément. D'un côté,
ce précipice s'élevait à soixante pieds
au-dessus du lit de la rivière qui baignait
sa base; la vue se reposait avec délice
sur la surface transparente d'une eau
limpide qui coulait avec bruit entre les
inégalités d'un lit profond et rocailleux,
et au-delà sur un riant amphithéâtre
de la culture la plus variée et la plus
productive.

. Cet édifice léger et aérien consistait
en une colonnade circulaire de vingt-
cinq pieds de diamètre, dont le roc
travaillé et poli formait la base; elle

B

était surmontée d'un dôme élégant ; mon père en avait dirigé la construction, et cette rotonde, ouverte de toutes parts, ne contenait aucun meuble, aucune espèce d'ornement.

Tel était le temple dans lequel, deux fois par vingt - quatre heures, il se rendait pour prier, sans être accompagné de qui que ce fût ; et il ne pouvait être détourné de ce devoir, que par une impossibilité absolue de le remplir. Il n'avait pas adopté ce système, parce qu'il le croyait le meilleur, mais parce qu'il se persuadait qu'il lui avait été prescrit, et tout autre paraissait être totalement à l'abri de sa censure.

Sa conduite envers tout le monde était pleine de douceur et de philantropie ; la mélancolie répandue dans ses traits, ne présentait ni sévérité, ni rudesse ; ses gestes, son maintien, son langage, son extrême douceur et sa rare modestie, lui conciliaient l'estime de ceux mêmes dont la manière de penser était le plus opposée à la sienne. Ils pouvaient, sous certains rapports, le regarder comme un enthousiaste et un extravagant; mais ils ne pouvaient refuser leur admiration à son invariable candeur, à sa constante délicatesse et à son inébranlable probité.

Tout-à-coup la mélancolie dont il était la proie, prit un caractère plus sérieux. Des soupirs et souvent des larmes lui échappaient. Les remontrances amicales de ma mère ne produisaient plus aucun effet; et quand il paraissait disposé à développer les causes de ce changement alarmant, il donnait à entendre que sa tranquillité était troublée, parce qu'il avait dévié de ses devoirs, en différant de remplir une mission importante.

Il lui semblait, ajoutait-il, qu'un certain délai, qui avait été accordé à son hésitation, était enfin écoulé; qu'il ne lui était plus permis d'obéir; que la

mission qui lui avait été assignée, avait
été depuis transférée à un autre, et
que tout ce qui lui restait à faire, c'était
de se préparer au châtiment qu'il avait
encouru.

Il parut persuadé, pendant quelque
temps, que ce châtiment ne devait consister que dans le sentiment secret de
ses torts : sentiment qui recevait un
nouveau degré d'intensité par l'idée
que son offense était irrémissible. On
ne pouvait contempler son état sans
éprouver la plus vive compassion. Loin
d'adoucir ses maux, le temps paraissait
y ajouter encore, et bientôt il insinua à
ma mère que sa fin n'était pas éloignée.
Son imagination ne lui en laissait entrevoir ni le genre, ni l'époque ; mais il
était frappé de l'idée qu'il devait périr
d'une manière extraordinaire et terrible ; et ces pressentimens, quoique
vagues, empoisonnaient chaque instant
de son existence, et le livraient à des
tourmens continuels.

CHAPITRE II.

Il partit de grand matin de Mettin-ghen, qu'il habitait tous les étés, pour se rendre à Philadelphie, où il était attendu pour des affaires pressantes. On était dans le mois d'août, et il fesait une chaleur excessive. Il revint le soir, accablé de fatigue, fort abattu, et gar-dant un silence extraordinaire. Un oncle maternel, qui exerçait la chi-rurgie, se trouvait alors chez nous, et c'est de lui que je tiens le détail exact de la triste catastrophe dont je vais entreprendre le récit.

Les inquiétudes de mon père augmen-taient à mesure que la soirée s'avançait. Evitant de prendre aucune part à la conversation, il paraissait totalement enseveli dans ses réflexions. De temps en temps, ses traits annonçaient les

alarmes de son cœur ; il fixait avec éga-
rement les objets qui l'environnaient,
et les efforts de sa famille pouvaient à
peine suspendre le cours de ses rêveries.
Appuyant avec force sa main sur son
front, il se plaignait, d'une voix tremblante et effrayée, que sa tête contenait
les feux d'un volcan ; et , en effet , sa
figure manifestait tous les signes d'un
tourment insupportable.

Mon oncle s'aperçut qu'il était indis-
posé. Il ne le crut cependant pas dans
un état alarmant. Il attribua les symptômes qu'il éprouvait au seul dérangement de son esprit , et l'exhorta sans
succès à la tranquillité.

A l'heure ordinaire, mon père monta
dans son appartement , se laissa persuader par ma mère de se mettre au
lit, repoussa ses tendres consolations ,
et continua de manifester les mêmes
inquiétudes.

« Laissez-moi , lui dit-il, laissez-moi ;

« il n'y a qu'un remède aux tourmens
« que j'endure , et je vais bientôt le
« trouver. Pensez à vous , aux vôtres,
« et priez l'Etre suprême de vous for-
« tifier contre les chagrins qui vous
« attendent.

— « Qu'ai-je à craindre , mon ami ,
« et quel est le terrible événement que
« vous paraissez appréhender?

— « Silence....; je l'ignore...; je
« ne tarderai pas à être instruit. »

Ma mère répéta vainement ses questions ; un geste et un regard fou-
droyant la réduisirent au silence. Cette
sévérité inattendue la pénétra de douleur , et son anxiété devint d'autant
plus affreuse, qu'elle était aussi éloignée
d'en deviner le motif , que d'imaginer
de quelle espèce de malheur elle pouvait être menacée.

La lampe de nuit , contre l'usage
ordinaire , au lieu d'être posée dans

l'âtre, fut placée sur une table, au-
dessus de laquelle était fixée, sur une
console, une pendule dont la son-
nerie était disposée de manière à frapper un coup très-sonore à la fin de
chaque douzième heure.

Celui qui allait se faire entendre
devait annoncer celle de minuit, celle
enfin où mon père se rendait ordinairement dans la rotonde que je
viens de décrire, pour y remplir ses
devoirs religieux. Une longue habitude
l'avait accoutumé à se réveiller à cette
époque, et ce signal solennel était
immédiatement obéi.

Ses regards effrayés étaient fixés sur
cette pendule, dont aucun mouvement
n'échappait à son attention. A mesure
que l'aiguille avançait, ses souffrances
paraissaient s'accroître : les inquiétudes de ma mère augmentaient c⁻
proportion ; mais réduite au silence
elle ne pouvait que l'observer ave⁻

attention, en se soulageant par ses larmes.

Enfin, l'heure fatale arrive, le coup de minuit se fait entendre, et le son paraît communiquer un ébranlement général dans le physique et le moral de mon malheureux père. Il se lève avec précipitation, et jette avec difficulté un manteau sur ses épaules; ses membres tremblaient; ses dents claquaient, tout son être manifestait l'horreur dont il était pénétré.

Son devoir l'appelait en ce moment à la rotonde, et ma mère imagina assez naturellement que son intention était de s'y rendre. Cependant, tout ce qu'elle voyait la frappait d'étonnement, et lui donnait de fâcheux pressentimens. Elle le vit quitter sa chambre, l'entendit descendre avec précipitation, se décida d'abord à le suivre; mais elle fut arrêtée, en réfléchissant qu'il s'acheminait vers un endroit où rien au monde n'aurait pu le contraindre à souffrir aucun témoin.

La croisée de l'appartement était placée vis-à-vis la rotonde. L'atmosphère était calme et sereine; l'obscurité de la nuit ne permettait pas de voir cette rotonde; mais ma mère chercha cependant à distinguer le sentier qui y conduisait; elle ne l'aperçut qu'avec beaucoup de difficulté; et soit que son mari l'eût déjà franchi, ou peut-être qu'il en eût pris un autre, elle ne put suivre ses traces, quelque attention qu'elle y apportât.

Qu'avait-elle donc à craindre? Quel était le malheur dont son mari et elle étaient menacés? Il l'avait prédit, mais sans en désigner l'espèce. Quand devait-il se réaliser? Cette nuit, cette heure même devaient-elles en être les témoins? Tourmentée par l'attente et l'incertitude, toutes ses craintes se réunissaient sur lui seul; et elle fixait, à son tour et avec inquiétude, la même pendule, dans l'espoir de voir enfin la fatale aiguille parvenue a l'heure suivante.

Elle avait passé quelque temps dans cette cruelle perplexité, lorsque, portant ses regards vers la rotonde, elle la vit tout-à-coup illuminée. Une clarté très-vive, et qui partait de l'intérieur de l'édifice, en éclairait toutes les parties et même le sommet du rocher; un reflet lumineux couvrait l'espace intermédiaire. A l'instant, une très-forte détonnation, semblable à l'explosion d'une mine, se fait entendre. Ma mère recule, saisie d'effroi; bientôt des cris perçans, qui se succédaient sans intervalle, augmentent sa surprise. La clarté qui s'était étendue au loin avait cessé; mais l'intérieur de la rotonde présentait encore un foyer de lumière.

La première idée qui lui vint, fut celle de la décharge d'une arme à feu et de la destruction de l'édifice. Sans s'arrêter à méditer sur les causes, elle se précipite hors de l'appartement, et se hâte de frapper avec force à la porte de celui de son frère.

Mon oncle, réveillé par le bruit, s'était jeté hors du lit, croyant qu'un violent incendie venait de se manifester. Les cris qu'il avait aussi entendus lui avaient paru demander des secours. L'événement lui paraissait inexplicable; mais convaincu de la nécessité de l'éclaircir promptement, déjà il tirait le verrou de sa porte, quand il entendit la voix de sa sœur, qui le conjurait de la lui ouvrir.

Il obéit avec promptitude; et, sans s'arrêter à lui faire aucune question, il se pressa de descendre, de sortir, et de traverser la prairie qui séparait la maison de la rotonde.

Le plus profond silence régnait partout. On apercevait toujours une lumière entre les colonnes. Un escalier

assez roide, taillé dans le roc, conduisait au sommet. Après l'avoir monté
avec précipitation, mon oncle s'arrêta
un instant; et, quoique ses forces se
trouvassent épuisées par la vitesse de
sa course, son attention resta d'abord
fixée sur le spectacle étonnant qui
s'offrait à ses yeux.

Il vit dans l'intérieur ce qu'il ne put
mieux décrire, qu'en le comparant à
un nuage imprégné de feu. Il en avait
tout l'éclat, sans en avoir le mouvement; et, stationaire et touchant à terre,
il ne s'élevait qu'à peu de hauteur.

Aucune partie du bâtiment n'était
cependant en feu. Il n'hésita pas, malgré
sa frayeur, à s'approcher du temple;
à mesure qu'il avançait, ce nuage lumineux s'éloignait, et il s'évanouit
entièrement dès qu'il eut mis le pied
dans l'intérieur. L'obscurité qui succéda
parut encore plus profonde. La crainte
et l'étonnement l'avaient pétrifié : car

un événement, tel que celui qui venait
de se passer , était certainement fait
pour ébranler l'homme le plus ferme.
Ses idées incertaines furent enfin fixées
par les gémissemens qu'il entendit près
de lui. Sa vue recouvra peu-à-peu sa
force , et bientôt il aperçut mon père,
étendu sur la pierre. Ma mère , qui
arriva peu après avec ses domestiques
et de la lumière , lui donna la facilité
d'examiner plus attentivement le lieu
de la scène et tous les détails de la
catastrophe.

Mon père , en quittant la maison,
avait, avec son manteau et ses pantoufles , une chemise et un caleçon ;
il était actuellement nu , et sa peau
calcinée ne fesait qu'une plaie de tout
son corps. Ses bras et ses jambes présentaient des marques de la plus grande
violence ; ses vêtemens paraissaient
réduits en cendre; mais ses cheveux et
et ses pantoufles étaient restés intacts.

Il fut porté dans son appartement; ses blessures, qui devenaient de plus en plus douloureuses, furent pansées ; mais la gangrène qui se manisfesta bientôt dans quelques-unes, s'étendit avec une rapidité effrayante sur les autres.

Il resta, à la suite de cet événement, dans un état d'insensibilité presque totale. Il avait subi son pansement avec une apparente tranquillité; il ouvrait à peine les yeux, et ce ne fut qu'avec beaucoup de difficulté qu'on parvint à lui arracher quelques éclaircissemens sur l'affreuse catastrophe dont il venait d'être la victime.

On apprit, par ses réponses incohérentes, que, tandis qu'il était occupé en silence à sa prière, avec la terreur et l'inquiétude dont il était la proie, une faible lueur lui avait d'abord paru s'élancer à travers l'édifice, et son imagination la lui avait présentée comm.

provenant d'un individu qui s'approchait derrière lui. Il allait se retourner pour s'en assurer, lorsqu'il se sentit frappé d'une commotion très-violente dans tous les membres, et au même instant un feu dévorant se répandit sur ses vêtemens qu'il réduisit en cendres en le consumant lui même. Voilà tous les détails qu'il put fournir sur cet étrange phénomène. Nous restâmes convaincus qu'ils étaient imparfaits, et mon oncle parut persuadé qu'il en avait supprimé une grande partie.

Son état annonçait les symptômes les plus alarmans. La fièvre et le délire furent remplacés par un sommeil léthargique qui, dans l'espace de deux heures, mit fin à sa triste existence. Elle ne se termina cependant qu'après que des miasmes pestilentiels eurent chassé de son appartement tous ceux que le devoir n'y pouvait retenir.

Telle fut la fin de mon père, et

jamais il n'y en eut de plus mystérieuse. Lorsqu'on se rappelle ses pressentimens et ses inquiétudes ; que son caractère, sa douceur et sa philantropie le rendaient cher à tous ses voisins, et le mettaient à l'abri de toute attaque ; quand on réfléchit sur sa situation, les circonstances, la localité, la pureté de l'atmosphère qui excluait l'idée de tout météore dangereux et des accidens que peut occasionner un orage ; on ne peut qu'être bien embarrassé sur le jugement que l'on doit établir.

Quelles conséquences pourrait-on tirer de ces faits étonnans? Leur vérité ne peut être révoquée en doute ; le témoignage de mon oncle mérite d'ailleurs une confiance d'autant plus particulière, qu'il est, de tous les hommes que j'aie connus, le plus difficile à convaincre sur tout ce qui tient à des faits extraordinaires, et qu'il a pour principe d'en écarter le merveilleux, pour ne s'attacher qu'à les expliquer par des causes naturelles.

J'étais, à cette époque, âgée de six ans, et cependant l'impression que fit sur moi la mort de mon père, est ineffaçable. Peu capable alors d'apprécier ces circonstances, je fus bientôt particulièrement instruite de leurs détails ; ils devinrent fréquemment l'objet de mes méditations ; leur ressemblance avec d'autres événemens étonnans qui se succédèrent, les fixa plus profondément dans ma mémoire, et me rendit plus impatiente d'en trouver la solution. Etait-ce donc la peine infligée à une désobéissance ? Etaient-ce les effets de la vengeance d'une main invisible ? Devait-on y reconnaître la preuve de l'intervention de l'Être-Suprême dans les affaires de ce monde, et serait-il vrai que, daignant condescendre à les diriger vers un but important, il consente à choisir les agens qui lui conviennent, en exigeant d'eux la soumission la plus absolue à sa volonté ? Ou cette catastrophe inexplicable n'était-elle que l'effet irrégulier du fluide électrique et vivifiant qui, se trouvant très-raréfié chez mon père, tant par la chaleur excessive du jour que par les fatigues qu'il avait éprouvées et par les inquiétudes cruelles dont il était depuis long-temps la proie, avait, en rompant l'équilibre nécessaire à son existence, opéré une destruction physique, après avoir amené une subversion morale ? C'est ce que je laisse à la sagesse et aux lumières du lecteur à décider (a).

(a) Un accident semblable a été décrit dans le journal de Florence. On en trouve dans celui de médecine, (*Février et Mai* 1783,) d'aussi étonnans, rapportés par MM. Muraire et Mérille, et les recherches savantes de Maffei et de Fontana, jettent beaucoup de jour sur cette espèce de phénomène.

CHAPITRE III.

La révolution que ce malheur inouï occasionna à ma mère, la conduisit au tombeau , et elle nous laissa, mon frère et moi , encore enfans, réduits à l'état d'orphelins. La fortune que nos parens nous avaient laissée, et qui était assez considérable , fut déposée en main sûre , jusqu'à notre majorité. Notre éducation fut confiée à une tante célibataire qui habitait Philadelphie , et dont la tendresse ne négligea rien pour nous consoler de la perte d'une mère.

Les années qui s'écoulèrent sous sa direction, furent heureuses et exemptes des chagrins qui accompagnent presque toujours l'enfance. Nos camarades furent choisis parmi les enfans de nos voisins , et une amitié intime s'établit bientôt entre la fille de l'un d'eux et mon frère. Cette jeune personne se nommait Catherine Pleyel. Aussi intéressante, que ses parens étaient fortunés, elle relevait la douceur la plus enchanteresse par la plus entraînante vivacité. Nos âges, nos goûts, nos habitudes étaient les mêmes ; nous demeurions en vue l'une de l'autre ; nos caractères sympathisaient parfaitement ; et ceux qui dirigeaient et surveillaient notre éducation, non-seulement nous prescrivaient les mêmes études, mais nous permettaient encore de les suivre ensemble.

Chaque jour augmentait l'amitié qui nous unissait étroitement. Nous nous éloignâmes insensiblement de toute autre société, et trouvâmes bientôt très-pénibles les instans où nous n'étions pas réunis. Il fut décidé que mon frère se destinerait à l'agriculture. Sa fortune l'exemptait de tout travail per-

sonnel , et ce qu'il avait à faire se ré-
duisait à une simple surveillance.

Ses occupations l'éloignaient rarement de nous. Ces courtes absences
ne servaient qu'à ranimer nos plaisirs ;
et nos promenades , nos lectures et
nos concerts , nous réunissaient toujours ensemble.

Il était facile de s'apercevoir que
Catherine et mon frère étaient nés l'un
pour l'autre. L'amour qu'ils éprou-
vaient, franchit bientôt les bornes
que leur extrême jeunesse lui avait im-
posées ; de tendres aveux furent faits
et arrachés ; leur union ne fut retardée
quejusqu'à l'époque où mon frère aurait atteint sa majorité , et les deux
années qui restaient encore à s'écouler,
furent utilement employées au bonheur de tous.

Puissé-je remplir avec fermeté
la tâche douloureuse que je me suis
imposée ! La félicité de ces temps heu-

reux ne fut obscurcie par aucun fâcheux pressentiment. L'avenir, comme le présent, souriait à notre imagination, et tout nous portait à espérer qu'il nous réservait de nouvelles jouissances.

Je ne m'appesantirai sur ces premiers détails, qu'autant qu'il est nécessaire pour éclaircir ou expliquer les grands événemens qui sont survenus depuis. Le jour fixé pour le mariage arriva; mon frère prit possession de la maison qui l'avait vu naître, et ce fut sous le toit paternel, que se célébra cette alliance tant desirée et si long-temps attendue.

La fortune de mon père nous fut également partagée. Je pris possession de sa première habitation de Mettinghen, située sur les bords de la rivière et à une demi-lieue du domaine de mon frère.

Il me serait difficile de rendre

compte des motifs qui me firent écarter
l'offre amicale d'habiter avec lui , si
je n'appelais à mon secours cette fatalité qui nous dirige vers une perte
certaine. De combien de malheurs
cette sage mesure nous aurait préser-
vés ! Je desirais d'ailleurs régir mes
biens et conduire ma maison. L'intervalle qui nous séparait était si pétit,
qu'il nous permettait de nous voir
aussi souvent que nous le voulions.
La promenade d'un manoir à l'autre
servait de prélude à nos délicieuses en-
trevues ; et combien de fois , sortant
au même instant pour nous visiter ,
n'avons-nous pas jeté des cris de joie
et de surprise en nous apercevant de
loin au milieu de la route ! Les mœurs
et les usages de l'Amérique m'accor-
daient cette liberté , qui pourrait paraître déplacée dans beaucoup d'autres
pays; et je crus qu'il ne pouvait y
avoir aucun inconvénient à en jouir.
Notre

Notre éducation n'avait été dirigée
sous l'étendard d'aucune religion particulière. Totalement abandonnées au
flambeau de la raison et aux impressions accidentelles que les événemens
de la vie humaine pouvaient nous procurer, le caractère de mon amie, ainsi
que le mien, nous mettait à l'abri de
toute inquiétude sur ce point.

Qu'on ne s'imagine pas cependant
que nous fussions pour cela dénuées
de principes religieux; mais ils n'étaient
que le résultat de la reconnaissance
qu'excitaient en nous notre bonheur,
nos jouissances, et le spectacle imposant de la nature entière. Notre culte ne
consistait enfin que dans un sentiment
vague, rarement approfondi, et qui
n'était assujetti à aucune pratique particulière.

La religion est, sans doute, bien précieuse, sur-tout quand on la consi-
dère comme une consolation dans

C

l'infortune ; mais l'infortune était alors éloignée, et son idée, qui se présentait rarement, ne servait qu'à donner plus de prix encore à notre félicité.

Le caractère de mon frère était bien différent. Sérieux et pensif, il croyait que les principes des devoirs ne pouvaient être facilement établis, et que l'avenir, soit avant, soit après notre dissolution, exigeait des mesures et des préparatifs, pour le rencontrer sans crainte et maîtriser les événemens. Ce qui le distinguait plus particulièrement, c'était une disposition constante à méditer ces opinions. Nos idées étaient toutes gaies et légères, tandis que celles qui l'occupaient étaient toutes différentes, et répandaient sur sa personne un air méditatif et préoccupé, qui se manisfestait plus particulièrement encore dans ses traits et dans son langage. Nous l'avons rarement vu rire ou plaisanter ; et quoique sa conduite se réglât généralement sur la nôtre, il accordait rarement à notre innocente gaieté plus qu'un simple sourire.

Il partageait avec complaisance nos plaisirs et nos occupations; mais cette complaisance n'était pas l'empressement que nous aurions désiré. La différence de nos caractères ne fut cependant jamais, entre nous, un sujet de reproches, puisqu'elle ne fesait que varier nos plaisirs, sans en interrompre le cours. Il suivait dans ses études une route bien plus épineuse que la nôtre. Extrêmement versé dans la connaissance des cultes et des opinions religieuses, il se donnait beaucoup de peine pour tâcher d'établir les rapports existans entre les bases et les résultats, et pour comparer les principes avec les conséquences.

Il existait, entre mon père et lui, une ressemblance frappante dans l'importance qu'ils attachaient à ces objets et dans la manière dont ils envisageaient certaines circonstances de la vie humaine; mais si leurs caractères et leurs dispositions étaient les mêmes, les facultés morales du fils étaient, de plus, enrichies par les sciences et ornées par la littérature.

La rotonde cessa d'être réservée à son ancien usage. Mon frère acheta un buste de Cicéron à un scuplteur italien, qui nous le présenta comme une copie de l'antique. Le marbre était beau et bien traité; nous consentîmes à l'acheter, sans attendre l'approbation des connaisseurs; et l'orateur romain fut placé et inauguré au milieu de notre petit temple. Là, figurait ma harpe dans une espèce de niche élégamment décorée, et une petite bibliothèque en occupait deux autres. Nous passions dans cet endroit toutes nos soirées d'été; nous y jasions, nous y lisions, nous y faisions de jolis concerts.

et de charmans goûters. Tous les souvenirs tendres et délicieux de ma jeunesse sont liés, dans ma mémoire,
avec cette rotonde.

L'événement terrible, dont elle avait
été le théâtre, ne m'était connu que
par une tradition dont l'impression,
très-affaiblie, était remplacée par les
sensations les plus agréables. C'est là
que nous répétâmes les chefs-d'œuvre
de mon grand-père ; là, les enfans de
mon frère reçurent les premiers élé-
mens de leur éducation ; là, mille
entretiens, plus intéressans les uns
que les autres, charmèrent nos loisirs ;
là enfin, les affections les plus tendres
s'échappaient avec effusion, et les larmes précieuses de la sympathie venaient
mouiller délicieusement nos paupières.

Pauvres humains ! voilà bien l'image
de ces enfans qui, sur le flanc du
Vésuve, rebâtissent gaiement ces

habitations qui furent, ainsi que leurs pères, ensevelies sous la lave !

Parmi les auteurs anciens qui captivaient mon frère, Cicéron était celui qui avait la préférence, et il ne se lassait pas de l'admirer. Il ne lui suffisait pas de bien le comprendre ; il cherchait jusqu'aux modulations que l'organe de ce célèbre orateur avait pu employer dans la tribune du sénat, et s'appliquait à les orner des charmes du geste et de la déclamation.

Non content de cela, il s'attachait à rétablir et à fixer la pureté du texte ; il rassembla, à cet effet, toutes les éditions, tous les commentaires ; il employa beaucoup de temps à les examiner, à les comparer, et il n'était jamais plus satisfait que lorsqu'il avait fait quelque découverte en ce genre. Ce ne fût cependant que, quand notre société fut augmentée par l'arrivée de Henry Pleyel, frère unique de mom amie, qui, dès son enfance, m'avait toujours témoigné le plus vif attachement, que la passion de Wieland pour l'éloquence romaine se trouva caressée par la ressemblance de leurs goûts. Ce jeune homme arrivait d'Europe; il avait terminé son éducation et ses études à Leipsick; nous nous étions séparés dans un âge très-tendre, et il revenait enfin habiter parmi nous.

Nos soirées reçurent un accroissement de plaisir par l'adoption de ce nouveau membre, dont le caractère enjoué et la gaiété expansive étaient remplacés par le plus grand sang-froid, quand les circonstances l'exigeaient: son esprit original, joint à la plus brillante imagination, fournissaient à nos intéressantes réunions un fonds inépuisable de plaisanterie et d'amusement..

Cette gaiété était quelquefois obscurcie par le souvenir d'un engagement

qu'il avait contracté à Leipsick. C'est là
qu'il avait cru ressentir les premières
impressions de l'amour; mais l'objet
qui l'avait captivé, avait été forcé par ses
parens de donner sa main à un autre ;
et cet événement influait de temps en
temps sur son heureux caractère. Je
crus cependant m'apercevoir qu'il me
voyait avec intérêt , sans pouvoir
distinguer toutefois si cet intérêt
prenait sa source dans une inclination
naissante, ou s'il n'était qu'une suite de
la vive amitié qui nous avait unis dès
l'enfance. Quant à moi , il me semblait que mon cœur aurait été facilement d'accord avec le sien , si j'avais
pu me persuader qu'il m'aimât assez
pour cesser de regretter celle qu'il
avait perdu. Son attachement pour
cette femme paraissait être fondé autant sur sa naissance et sa fortune, que
sur ce goût passager que l'on contracte
assez facilement à son âge, pour les

personnes de mon sexe, qui joignent
à un extérieur séduisant tout ce qui
flatte l'ambition et la cupidité, et je pus
me flatter quelquefois qu'il s'était trompé lui - même sur le véritable état de
son cœur.

Sa demeure, sur la Délaware, était
à la même distance, par de-là la ville,
que la nôtre l'était en deçà ; il s'écou-
lait rarement un jour sans qu'il vînt
nous visiter ; et quoiqu'il fût aussi pas-
sionné que mon frère pour les auteurs
grecs et latins, aussi versé que lui en
histoire, en morale et en littérature,
leurs principes, sous bien des rapports,
étaient très-opposés. Pleyel ne trouvait
que des doutes où son ami trouvait la
conviction ; mais leurs débats, quoique fréquens, étaient conduits avec
tant d'esprit et de bonne foi, que nous
les écoutions toujours avec beaucoup
d'intérêt.

Quoiqu'avant l'arrivée de ce nouvel ami, nous n'éprouvassions aucun

vide, nous n'eussions pu alors nous
passer de lui; son éloignement nous
aurait fait éprouver les regrets les
plus vifs, et quoiqu'il lui arrivât souvent de contrarier mon frère dans ses
opinions, celui - ci entièrement captivé par l'amitié, se dépouillait d'une
partie de sa réserve à son approche,
le recherchait avec empressement, et
pouvait difficilement passer un jour
sans le voir.

CHAPITRE IV.

Six années d'un bonheur non inter-
rompu s'étaient paisiblement écoulées
depuis le mariage de mon frère. Le
bruit des armes avait retenti jusqu'à
nous, mais à une telle distance qu'il
ne servait qu'à rehausser, par la comparaison, tout le prix de nos tranquilles
jouissances. D'un côté, les sauvages
étaient repoussés dans leurs limites ; et
de l'autre, le Canada était totalement
subjugué. Les guerres et les révolutions,
qui sont une calamité pour ceux qui
occupent le lieu de la scène, n'étaient
pour nous, qui en étions éloignés,
qu'un nouvel aliment à notre curiosité,
en excitant l'intérêt le plus puissant,
et une espèce d'exaltation patriotique,
source d'une bien vive jouissance, quand
on n'en éprouve pas les inconvéniens.

Quatre enfans partageaient la tendresse de mon frère ; et une jeune et jolie orpheline de quatorze ans, qui complétait ce cercle intéressant, était aimée et chérie de tous, avec une affection toute particulière.

Je dois dire qui elle était. L'histoire de sa mère était singulière et mystérieuse. Embarquée clandestinement à Londres, elle était arrivée en Amérique sans fortune et sans recommandation. Ses manières et son langage annonçaient une naissance distinguée. Elle passa trois ans dans la solitude, sous la protection de ma tante, dont le hasard seul lui avait procuré la connaissance. Elle périt enfin, à cette époque, victime du malheur, et elle reçut à ses derniers momens quelques consolations dans l'assurance que son enfant éprouverait, de notre part, la bienveillance qu'elle avait éprouvée elle-même jusqu'à sa mort.

Il fut donc convenu, lors du mariage

de mon frère, que cette aimable enfant continuerait à faire partie de la famille. Notre tendresse pour elle était de plus augmentée par sa ressemblance avec une mère dont les malheurs étaient encore présens à notre souvenir.

Naturellement triste et rêveuse, cette disposition, qui tenait à l'état d'abandon auquel elle se trouvait réduite, nous faisait renouveler nos efforts pour empêcher qu'elle ne s'aperçût de la dépendance dans laquelle elle avait été jetée par sa mauvaise fortune. Rien ne fut négligé pour orner son esprit et son cœur, et son bonheur devint l'objet de nos constantes sollicitudes.

Notre attachement pour elle était bien justifié par ses rares qualités : jamais elle ne se présenta à nos yeux ou à notre pensée, sans exciter la plus vive sensibilité ; sa douceur angélique ne fut peut-être jamais égalée ; j'ai souvent surpris ma paupière humide à

son approche , et je l'ai mille fois
pressée dans mes bras avec les trans-
ports de la plus tendre amitié. Chaque
jour ajoutait encore à ses qualités et à
ses charmes , lorsqu'une circonstance
inattendue vint nous exposer à la perdre.

Mr. Stewart, officier supérieur de
l'armée, blessé à Quebec, et qui, depuis la paix, parcourait la colonie,
avant de retourner en Europe, passa à
Philadelphie. Il avait été recommandé
à une dame avec laquelle nous étions
très - intimement liés , et lui rendait
visite pour prendre congé , lorsque
j'entrai avec ma jeune amie dans l'appartement.

Il est impossible de rendre l'émotion
qu'il manifesta quand il vint à la fixer.
Immobile de surprise et paraissant nous
questionner par son regard et par son
geste, il saisit tout-à-coup la main
de mon amie, et, la tirant à lui, il
s'écria d'une voix entrecoupée : « Qui

» est-elle ? D'où vient-elle ? Quel est
» son nom ? »

On lui raconta l'histoire de sa mère,
et l'on ajouta que, victime de ses chagrins, elle avait terminé sa triste existence, en laissant cet intéressant enfant
sous la protection de ses amis. « Son
» nom, s'écria-t-il, son nom, je
» vous en conjure! » On lui répondit:
« Louisa Conway. »

A ces mots, s'élançant avec rapidité
et serrant l'aimable Louisa entre ses
bras, il nous surprit étrangement en
s'annonçant pour son père. Quand l'é-
tonnement, que cette reconnaissance
avait excitée fut un peu calmé, il sa-
tisfit notre impatiente curiosité par les
détails suivans:

« Miss Conway, mère de notre jeune
» amie, était fille unique d'un banquier
» de Londres, qui, depuis son veuva-
» ge, avait rempli à son égard tous
» les devoirs d'un père affectionné. Le

» hasard la lui avait fait connaître; et,
» vivement épris de ses charmes et de
» ses qualités aimables, il l'avait de-
» mandée à son père, qui la lui avait
» accordée avec empressement, en
» leur imposant la seule condition
» de vivre constamment avec lui. Ils
» avaient ainsi passé trois années dans
» les liens d'une félicité qui avait en-
» core été augmentée par la naissance
» de cet enfant, lorsque la guerre
» l'obligea de passer avec son régiment
» en Allemagne.

» Ce ne fut qu'avec beaucoup de
» peine qu'il fit abandonner à son
» épouse le projet de le suivre à tra-
» vers les dangers d'une campagne
» fatigante. Jamais séparation ne fut
» plus douloureuse : ils cherchèrent
» à l'adoucir par une correspondance
» très-suivie. Toutes les lettres de sa
» femme n'étaient remplies que des
» inquiétudes qu'elle éprouvait pour sa

» vie , et des vœux qu'elle formait
» pour son prompt retour.

» D'autres mouvemens politiques
» l'obligèrent bientôt à quitter la West-
» phalie pour se rendre au Canada. Il
» trouva quelque consolation dans un
» changement qui lui permettait de
» repasser par Londres , et d'y revoir
» une femme et un enfant qu'il ado-
» rait. Il arrive , se précipite hors de
» sa chaise de poste , frappe à coups
» redoublés à la porte de son beau-
» père et pénètre enfin avec quelque
» difficulté.

» Tout dans cette maison annonçait
» la douleur la plus profonde. Il la
» parcourt, appelant en vain sa femme
» et son enfant ; personne ne répond
» à ses cris , et il obtient difficilement
» les détails suivans :

» On avait trouvé, l'avant-veille de
» son arrivée, l'appartement de sa fem-
» me entièrement évacué ; elle avait

» disparu avec son enfant et ses effets
» les plus précieux ; toutes les mesures
» que l'on avait prises n'avaient pu
» faire découvrir la route qu'elle avait
» suivie, ni deviner les causes de cette
» fuite extraordinaire, et l'on n'avait
» même pu s'assurer si elle avait été
» volontaire, ou plutôt si elle n'avait
» pas été forcée. Comment peindre
» son étonnement et sur-tout son dé-
» sespoir, lorsqu'après beaucoup de
» recherches inutiles, il fut obligé de se
» rendre sans délai à Quebec, où son
» devoir l'appelait? Débarqué à Phi-
» ladelphie, où il avait résidé quelque
» temps, il avait fréquemment passé
» devant la demeure de sa malheureuse
» épouse, sans se douter qu'il fût aussi
» près d'elle; c'est depuis peu qu'il avait
» reçu la nouvelle que M^r. Conway
» venait de mourir de chagrin, et il se
» trouvait par-là l'unique possesseur
» de son immense fortune ».

Ce récit offrit pendant long-temps de l'aliment à mille conjectures sur les motifs qui avaient pu obliger madame Stewart à quitter sa patrie ; mais sa conduite nous parut un secret impénétrable que le temps seul pourrait un jour dévoiler.

Mr. Stewart était un homme extrêmement aimable. Sa tendresse augmentait de jour en jour pour Louisa, qui, ravie d'avoir retrouvé un père, reçut avec résignation l'avis de se préparer à l'accompagner bientôt en Angleterre. Un délai lui était cependant nécessaire pour s'accoutumer à l'idée d'une aussi cruelle séparation : car elle ne pouvait penser à cet instant douloureux, sans verser un torrent de larmes.

Nous avions quelque espoir de déterminer Mr. Stewart à se fixer en Amérique. Il nous avait laissé sa fille, pendant qu'il achevait de parcourir la

colonie, et sa correspondance, aussi ins-
tructive qu'intéressante, nous dédom-
mageait de son absence, en nous pro-
curant une nouvelle source de plaisirs.

Le beau temps et la fraîcheur de la
verdure nouvelle nous avaient rassem-
blés, une après-midi du mois de mai,
ma belle-sœur, Louisa, et moi, à la
rotonde, où nous nous occupions à
broder, tandis que Wieland et Pleyel
s'exerçaient sur les auteurs grecs et latins. Mon frère ayant voulu appuyer
un argument par une citation, Pleyel
l'accusa d'avoir substitué un mot à un
autre.

L'examen de l'ouvrage pouvait seul
éclaircir la difficulté, et mon frère cou-
rait vers la maison pour l'aller chercher, lorsqu'ayant rencontré un de ses
domestiques qui lui apportait une lettre
du major Stewart, il revint de suite sur
ses pas pour nous la lire.

Cette lettre, après les complimens

d'usage et l'assurance de sa tendresse pour sa fille, nous donnait une description très-intéressante de la cataracte de Mogongahéla. Un orage, qui vint à éclater, nous obligea de regagner de suite la maison : car jamais nous n'avions pu prendre sur nous de rester dans cet endroit lorsqu'il tonnait, et c'était, en quelque sorte, la seule impression fâcheuse qui nous fût restée de la fin étonnante de mon malheureux père. Cet orage n'ayant cessé que vers la nuit, il ne fut plus question de retourner à la rotonde. La lettre du major devint le sujet de notre conversation : une comparaison s'établit entre la cataracte qu'elle décrivait, et celle que Pleyel avait observée dans les Alpes, près de Glarus ; mais, pour la juger, il fallait avoir recours à cette lettre. Mon frère s'aperçut qu'il ne l'avait pas sur lui ; il crut l'avoir laissée dans la rotonde lorsque nous la quittâmes avec précipitation , et il se détermina à l'aller chercher lui-même.

Nous l'attendîmes avec impatience ; et nous ne pûmes nous dispenser d'observer, lorsqu'il rentra , qu'il avait fait une diligence extraordinaire. L'inquiétude et l'étonnement étaient peints sur son visage ; il paraissait chercher quelque objet ; et , portant successivement ses regards sur chacun de nous , il les fixa d'une manière toute particulière sur sa femme.

Elle était nonchalamment assise dans l'attitude où il l'avait laissée ; elle tenait à la main la broderie à laquelle elle travaillait au moment de son départ, et achevait une fleur dont il avait admiré le commencement. Il se précipita sur l'ouvrage, et sa surprise parut redoubler , en s'apercevant que cette fleur était terminée.

Nous le vîmes tout-à-coup absorbé dans une profonde méditation. Cette

singularité, en nous surprenant, nous
empêcha de lui parler de la lettre; mais,
comme il continua de garder le plus
profond silence, Pleyel le rompit enfin,
en lui disant : « Eh bien ! avez-vous ap-
» porté cette lettre? — Non, répondit-
» il, en fixant Catherine avec inquié-
» tude; je ne suis pas monté jusqu'à la
» rotonde. — Pourquoi ? » Au lieu de
répondre, il adressa la parole à sa
femme: « Catherine, avez-vous quitté
» cet appartement, depuis mon dé-
» part ?

Frappée de l'importance qu'il mettait
à cette question, elle lui répondit avec
étonnement : « Non. Mais pourquoi
» me faites-vous cette question? » Il
garda un instant le silence, et nous
demanda : « Est-il vrai que Catherine
» ne m'ait pas suivi à la rotonde,
» et qu'elle ne vienne pas de rentrer
» à l'instant même? » Nous l'assurâmes
qu'elle ne nous avait pas quittés.

» Cependant, nous dit-il, ou je
» dois récuser votre témoignage, ou
» je dois douter de celui de mes sens,
» qui m'ont offert la certitude que, tan-
» dis que j'étais parvenu au haut de
» l'escalier qui aboutit au parvis de
» la rotonde, Catherine était au bas. »
Nous restâmes confondus par cette
déclaration. Pleyel le railla d'une manière assez piquante sur cette erreur
de son imagination ; mais il écouta son
ami avec calme et sans se déconcerter.

« Une chose est sûre, s'écria-t-il ;
» ou j'ai entendu la voix de ma femme,
» qui me parlait du bas de cet escalier,
» ou je ne viens pas de l'entendre à
» l'instant même. — Vraiment, lui
» dit Pleyel, vous vous réduisez à
» un fâcheux dilemme : car si nous
» devons en croire nos yeux, votre
» femme ne nous a pas quittés un seul
» instant, pendant votre absence.
» Vous prétendez l'avoir entendue
                                    vous

» vous parler près de la rotonde ; eh
» bien, donnez-nous donc les détails
» de cette conférence mystérieuse.

» — Cette conférence ne fut rien moins
» que mystérieuse. Vous savez avec
» quelle intention je vous quittai. L'air
» était calme, et la lune, à l'instant où
» je parvins au pied du rocher, se
» cachait derrière un nuage. En mon-
» tant l'escalier, je crus apercevoir
» entre les colonnes du temple une
» faible clarté, qui n'eût peut-être pas
» fixé mon attention si la lune en
» ce moment n'eût été obscurcie. Je
» cherchai à m'assurer de l'existence
» de cette espèce de météore ; mais je
» n'aperçus plus rien. Il ne m'arrive
» jamais de visiter seul, ou de nuit,
» ce lieu solitaire, sans me retracer
» la mort de mon père ; et cette
» circonstance extraordinaire, en re-
» nouvelant l'impression que m'avait
» laissée sa triste fin, y ajouta plus en

D

» ce moment que n'auraient pu faire
» seules l'obscurité et la solitude.

» Cependant je poursuivis ma route,
» en proie, non à la crainte, mais à
» une curiosité vague et indéterminée.
» J'avais atteint le milieu de la montée,
» lorsque j'entendis une voix m'appe-
» ler du bas de l'escalier. Son accent
» était distinct et sonore, et je vous
» proteste que je crus entendre la voix
» de Catherine. Son organe n'est pas
» ordinairement aussi fort, mais elle
» a rarement occasion de l'élever au-
» tant ; et si mes sens ne m'ont pas
» trompé, c'est certainement sa voix
» que j'ai entendue.

« —*Arrêtez, n'allez pas plus loin, me*
» *cria-t-elle, ou vous êtes perdu.* »

« — Une recommandation aussi inat-
» tendue, donnée d'une manière aussi
» alarmante ; la persuasion où j'étais
» qu'elle me venait de ma femme,
» suffirent pour me déconcerter et me
» fixer à la même place. Après un mo-

» ment de silence, j'élevai la voix à mon
» tour : Qui m'appelle ? Est-ce vous,
» Catherine? » — J'écoutai avec atten-
» tion, et bientôt je reçus distincte-
» ment cette réponse : *Oui, c'est moi;*
» *n'avancez pas, je vous en conjure,*
» *et retournez à l'instant même chez*
» *vous.* » — Cet organe était encore
» celui de ma femme, et c'était encore
» du bas de l'escalier qu'il se faisait
» entendre.

» Que devais-je faire ? Cet avis im-
» portant, donné par une personne qui
» m'était aussi chère et dans un sem-
» blable lieu, augmentait le mystère;
» et je ne pouvais qu'obéir.

» Je revins sur mes pas et je descendis
» pour la rejoindre; mais, parvenu à la
» dernière marche, et quoique la lune
» jetât alors un nouvel éclat, malgré
» mes efforts je ne vis personne. Je
» trouvai cependant qu'elle avait dû
» regagner la maison avec une bien

» grande vîtesse, puisque ma vue n'a-
» vait pu l'apercevoir au loin. Je l'ap-
» pelai de nouveau, mais je n'obtins
» aucune réponse.

　» Je revins en méditant sur cette
» étrange circonstance. Je ne pouvais
» me rendre compte ni de sa fuite pré-
» cipitée, ni de la tranquillité où je la
» trouvai en rentrant. Vous m'assurez
» qu'il ne s'est rien passé qui ait pu
» nécessiter mon retour; qu'elle n'est
» pas sortie de l'appartement; et je me
» perds dans un cahos de conjectures
» inexplicables et mystérieuses. »

　Voilà quel fut le récit de mon frère,
et ce récit fit sur nous des impressions
diverses. Pleyel regardait cet évènement comme une illusion. « Une voix,
» lui dit-il, a pu se faire entendre;
» vous avez pu croire que c'était celle
» de ma sœur, et votre imagination
» a pu lui prêter les paroles que vous
» avez entendues. »

Il couvrit ce qu'il appelait la vision de son ami, du ridicule le plus complet. Il n'espérait pas le convaincre; mais il crut que la plaisanterie était l'unique moyen d'effacer de son esprit un prestige qu'il regardait comme l'effet de son effervescence. Il proposa d'aller lui-même chercher cette lettre. Il y alla, revint de suite, la tenant à la main, et nous annonça que rien n'avait mis obstacle à l'exécution de ce dessein.

Catherine était douée d'un jugement très-sain; mais son esprit était enclin à la superstition et à la terreur. Que sa voix se soit fait entendre en son absence et d'une manière aussi inexplicable : c'était pour elle un grand sujet d'inquiétude; et toutes les plaisanteries de Pleyel ne la rassuraient pas, lorsque, fixant son mari, elle s'apercevait qu'elles n'avaient pas le pouvoir de le désabuser.

Quant à moi, mon attention se trouvait particulièrement fixée sur ce

nouvel incident. Je ne pouvais m'empêcher d'y remarquer quelque liaison
avec la mort de mon père. J'avais souvent médité sur cette mort déplorable,
sans que mes réflexions m'eussent conduite à aucun résultat ; et mes doutes,
à cet égard , étaient quelquefois très-
inquiétans.

Quoique cette catastrophe eût quelque
chose de mystérieux qui contrariait mes
principes , et quoique je fusse exempte
des craintes qui , généralement, domi-
nent mon sexe, le merveilleux qui l'avait
accompagnée , quand je me la rappe-
lais, excitait en moi un frémissement
respectueux que ce dernier incident ne
faisait que fortifier davantage. Mais son
effet, sur mon frère , fut incalculable ;
et je vis avec douleur qu'il allait être
victime d'une fatale erreur, qui ne pouvait qu'aggraver une indisposition morale déjà développée d'une manière bien
dangereuse et bien alarmante : car,

quand l'imagination et les sens sont
une fois dépravés, il est impossible de
calculer tous les malheurs qu'un semblable dérangement peut entraîner à sa
suite.

J'ai dit qu'il était d'un caractère ardent et mélancolique. Les idées les plus
abstraites et les plus métaphysiques
l'occupaient exclusivement, et avaient
pris sur lui un empire absolu.

Il avait toujours regardé la fin de
son père comme l'exécution d'un décret immuable de la divine providence;
et, objet continuel de ses méditations,
elle avait laissé dans son esprit des
traces aussi terribles que profondes.

Ce qui venait de se passer augmentait encore ces fatales impressions. Il
était beaucoup moins disposé à parta-
ger nos loisirs, ne s'ouvrait jamais sur
ces mystérieux événemens, évitait avec
soin tout ce qui pouvait les introduire
dans la conversation, et recevait dans

un morne silence toutes les observations par lesquelles ses amis cherchaient à l'égayer ou à le distraire.

Me trouvant seule avec lui à la rotonde, pendant une soirée très-obscure, je saisis cette occasion d'approfondir ses plus secrètes pensées.—« Combien, lui dis-je, est impénétrable cette obscurité, lorsqu'elle pourrait, tout-à-coup, se dissiper par un seul rayon de lumière !

» — Oh! oui, me répondit-il en soupirant; et si ce rayon venait d'en haut, il dissiperait non seulement l'obscurité physique, mais encore l'obscurité morale.

» — Mais pourquoi exiger que la divinité manifeste sa volonté en opérant des miracles ? — « Vous avez raison, ma sœur; elle a d'autres voies pour la manifester.

» — Vous ne m'avez jamais expliqué sous quel rapport vous avez envisagé

» certaines circonstances extraordi-
» naires qui se sont passées dans notre
» famille? — « On ne peut les envisager
» sous aucun rapport certain. Ce sont
» des effets dont les causes sont inex-
» plicables, et qui ne sont certaine-
» ment pas des illusions : car on pour-
» rait établir vingt autres suppositions
» moins déraisonnables que celle-là ;
» mais il faut les écarter toutes, si l'on
» veut parvenir à la vérité.

» — Quelles peuvent être ces sup-
» positions ? — « Il est inutile, Clara, de
» les examiner ici ; mais elles seraient
» toutes moins ridicules que les illu-
» sions de Pleyel. Le temps peut seul
» éclaircir mes conjectures ; et il con-
» vient de se renfermer jusque-là dans
» le recueillement et le silence le plus
» absolus.

CHAPITRE V.

Il s'écoula quelque temps sans qu'il
se passât rien de remarquable. Pleyel,
à son arrivée d'Europe, avait apporté
à mon frère des nouvelles très-inté-
ressantes. Nos ancêtres, nobles Saxons,
possédaient de grands biens dans le
Marquisat de Lusace. La plupart de
leurs descendans avaient péri dans les
guerres contre la Prusse, et mon frère
se trouvait être en ce moment leur
plus proche héritier. Notre ami, pendant son séjour sur le continent, avait
pris, à cet égard, des renseignemens
positifs, et s'était assuré des droits de
Wieland à cette immense succession.
Il ne lui restait plus qu'à se rendre à
Leipsic pour y être mis en possession,
après avoir rempli toutes les formalités
nécessaires.

Pleyel le pressa vivement d'exécuter cette mesure. Il fut surpris de lui trouver beaucoup d'éloignement pour ce projet, mais il crut qu'avec le temps il parviendrait à vaincre sa répugnance.

L'intérêt qu'il prenait à notre bonheur, et sa prédilection pour l'Allemagne, sa première patrie, lui firent redoubler ses efforts pour arracher son consentement.

Il employa, pour y parvenir, tous les argumen- que son esprit pouvait lui suggérer. Il peignit, avec les couleurs les plus séduisantes, le gouvernement, les usages et les mœurs de ce pays. Il s'étendit avec complaisance sur les privilèges dont y jouissait la noblesse opulente; et tira, même de l'espèce de servitude dans laquelle existait la classe laborieuse, de quoi embellir sa description, par le tableau séduisant des fréquentes occasions qui s'y présentaient de se faire chérir en exerçant toutes les vertus philantropiques.

Autant un pouvoir illimité, lui observait-il, peut produire de maux dans des mains cruelles et tyranniques, autant il peut, dans des mains généreuses, devenir une source inépuisable de bonheur et de prospérité. Il en concluait, qu'en s'abstenant de réclamer son héritage, Wieland privait ses vassaux de tous les avantages qu'il pouvait leur procurer, et devenait en quelque sorte responsable des chagrins et de l'oppression qu'ils pourraient éprouver de la part d'un propriétaire moins généreux.

Il ne fut pas difficile à mon frère de réfuter ces argumens, et de prouver à Pleyel qu'il n'existait sur le globe aucun point où l'homme pût jouir de plus de tranquillité, de protection et de liberté que sur celui qu'il habitait; que si les Saxons avaient à s'applaudir de la forme de leur gouvernement, ils n'étaient que trop malheureusement exposés aux horreurs et aux dévastations dont, par

par des causes étrangères, leur pays
avait été si long-temps le théâtre; que
les derniers ravages qu'y avaient exercés
les armées prussiennes, en offraient la
preuve incontestable; qu'ils seraient
continuellement exposés aux malheurs
de la guerre, jusqu'à ce qu'ils fussent
devenus la proie de la Prusse ou de l'Au-
triche : évènement qui ne pouvait être
très-éloigné. Mais, en écartant même
ces considérations, serait-il louable de
courir avec avidité après la puissance
ou la fortune; et n'étaient-elles pas la
source fatale de nos erreurs, de nos
fautes et de nos crimes ?

Qui lui garantirait qu'en changeant
ainsi de situation, il ne se dégraderait
pas; qu'il ne deviendrait pas un homme
dur, égoïste et exigeant? Il détestait le
pouvoir et la fortune, comme la source
générale du malheur des hommes. N'é-
tait-il pas déjà assez riche? Sa vie ne s'é-
coulait-elle pas au sein de l'abondance

et de toutes les jouissances qu'un homme raisonnable peut desirer? Changera-
t-il une pareille situation contre des
avantages imaginaires et incertains;
puisqu'il faudrait commencer par se
jeter dans le labyrinthe de la chicane,
pour chasser de ces possessions des usur-
pateurs qui, peut-être, emploieraient
jusqu'à la corruption pour s'y mainte-
nir? S'exposera-t-il aux dang.rs; aux
inconvéniens d'un long voyage? S'arra-
chera-t-il, enfin, à sa femme, à ses enfans, à ses amis, à son bonheur, pour
entreprendre un procès ruineux, qui
exposerait son patrimoine, et le plon-
gerait dans un océan de contrariétés
et de dégoûts? Et pourquoi? Pour
essayer d'obtenir des possessions, déjà
tant de fois envahies et plus que jamais ex-
posées à devenir la proie du vainqueur.

Pleyel cependant s'opiniâtrait à le
vaincre, par un motif qui lui était tout-
à-fait personnel.

La baronne de Stolberg, qui l'avait captivé, et qui avait été obligée d'en épouser un autre, devenue tout-à-fait libre par la mort de son mari, venait de lui en donner elle-même la nouvelle, en l'invitant à revenir promptement à Leipsick pour recevoir sa main. Soit que cet évènement eût en effet réveillé son ancien attachement, soit qu'il se crût irrévocablement lié par ses premiers engagemens; écartant l'intérêt et l'attachement que je paraissais lui avoir inspiré, il avait résolu de repasser les mers sans le moindre délai. Il ne pouvait cependant supporter l'idée de nous quitter pour la vie; il s'applaudissait d'avoir trouvé une occasion aussi avantageuse de nous réunir en Saxe, et cet espoir le rendait infatigable dans ses sollicitations. Il savait que nous n'étions, ni sa sœur ni moi, disposées à les appuyer; que nous nous réunissions, au contraire, pour fortifier la

répugnance de Wieland; et celui-ci
nous cachait, de son côté, les instances
de son ami, pour nous épargner la
crainte qu'il pût céder un jour.

Trois semaines s'étaient écoulées depuis l'évènement mystérieux qui nous
avait inquiétés. J'avais invité ma famille
à venir, ce jour-là, dîner chez moi;
et jamais nous n'avions passé une journée plus agréable. Pleyel, qui devait
être de la partie, n'arriva qu'au déclin
du jour. Son abord annonça un homme
contrarié : il n'attendit pas nos questions pour nous expliquer les causes
de son retard.

Un paquebot venait d'arriver de Hambourg, et il s'attendait à recevoir des
nouvelles de la baronne de Stolberg;
mais il n'avait reçu aucune lettre de
Saxe, et il ne pouvait dissimuler ses inquiétudes. Jamais je ne l'avais vu aussi
abattu qu'il l'était par ce contre-temps;
et je dois convenir que ce jeune homme

m'intéressait assez pour que j'y applaudisse intérieurement, en ressentant cependant quelque chagrin de voir l'impression que cette contrariété lui faisait éprouver.

Il se tourmentait pour tâcher de justifier ce silence étonnant. Peut-être l'amour-propre blessé agissait-il plutôt que l'amour, dans le sentiment qu'il éprouvait : au reste, je me plaisais à le croire. Il ne s'arrêta à rien moins qu'à l'infidélité de celle avec laquelle il se trouvait engagé. On ne lui aurait pas laissé ignorer une maladie, une absence, la mort même : il était donc autorisé à craindre l'abandon d'une femme, qui vraisemblablement, disait-il, avait déjà donné sa main à un autre.

Tout ce qu'il avait à faire, dans cette circonstance, était de hâter son retour en Europe, qu'il n'avait autant différé que dans l'espoir de déterminer mon frère et nous à l'y suivre; et lorsqu'il réfléchissait qu'il avait pu perdre un parti très-avantageux par un retard déplacé, il paraissait inconsolable.

Il se décida à s'embarquer sur ce même paquebot, qu'on annonçait devoir mettre à la voile sous quelques semaines. Il résolut d'employer ce délai, nécessaire d'ailleurs à ses préparatifs, à tenter les derniers efforts pour vaincre la répugnance de mon frère; et voilà dans quelles dispositions il se trouvait, lorsqu'il arriva si tard. La soirée était, comme je l'ai observé, déjà très-avancée, lorsque, peu après être entré, il lui proposa un tour de promenade. Wieland accepta; ils nous laissèrent, Catherine, Louisa et moi, occupées à une lecture intéressante, qu'ils nous invitèrent à continuer jusqu'à leur retour.

Ils nous avaient promis de revenir pour le souper; mais les heures se succédèrent, et une absence prolongée nous causait déjà de l'inquiétude,

lorsqu'enfin nous les vîmes rentrer ensemble.

Leur contenance me frappa et me
réduisit d'abord au silence. Catherine,
impatiente de satisfaire sa curiosité,
leur exprima sa surprise sur la longueur de leur promenade. Je remarquai
que leur étonnement égalait le nôtre;
qu'ils la fixaient avec surprise; et j'ob-
servai leurs regards, sans pouvoir démêler la cause de l'émotion qui y était
peinte.

Pleyel, rappelé à lui-même, allégua
quelque excuse, en jetant sur mon frère,
qui était plongé dans une profonde rêverie, un regard significatif, tandis
qu'absorbée dans mes réflexions, je
brûlais d'impatience d'approfondir cet
étonnant mystère.

Wieland retourna de suite chez lui
avec Louisa, son épouse et ses enfans.
Pleyel m'étonna en me proposant, avec
un air d'intérêt, de rester chez moi

jusqu'au lendemain; et cette offre singulière, malgré la liberté innocente
des mœurs de nos campagnes, cette
offre, que je ne me crus pas maîtresse de
refuser sans danger, contribua encore
à augmenter mon étonnement.

Dès que nous fûmes seuls, Pleyel prit
un air consterné, que je ne lui avais jamais vu, et se mit à parcourir, à grands
pas, l'appartement. Je me hasardai enfin
à lui parler des craintes que son absence
nous avait causées, et qui furent encore
augmentées par la conduite extraordinaire qu'il tint à son retour. Il s'arrêta;
et, me regardant avec attention lorsque j'eus fini, il me dit d'une voix
altérée par la violence de son émotion:

« Gardez-vous, Clara, de répéter
» jamais ce que je vais vous appren-
» dre.... Dites-moi : à quoi fûtes-vous
» occupées pendant notre promenade?
» -- A feuilleter quelques ouvrages de
» littérature, et à causer sur les sujets

» qu'ils nous avaient offerts ; mais, au
» moment de votre retour, nous nous
» occupions de votre longue absence,
» et nous nous épuisions en conjectu-
» res sur ses causes:

« -- Catherine est-elle restée tout ce
» temps avec vous? -- Oui. -- Mais en
» êtes-vous bien sûre? --Très-sûre; elle
» ne nous a pas quittées un instant. »

Il s'arrêta comme pour se convaincre
de ma sincérité. Joignant alors ses mains
avec étonnement: -- « Dieu! s'écria-
» t-il avec force, il est donc vrai que
» la baronne de Stolberg est morte! »
Je cessai d'être étonnée de son extrême
agitation. Mais comment avait-il pu
acquérir la certitude de sa mort; lorsque, peu auparavant, il se plaignait de
n'avoir reçu aucune nouvelle de Saxe?
Quel rapport cet évènement pouvait-il
avoir avec ma belle-sœur? Quel était
donc le motif de la haute importance
qu'il paraissait mettre à ce qu'elle fût

ou ne fût pas restée avec nous? Paraissait-elle de nouveau dans le rôle étonnant qu'on lui avait déjà prêté; lorsque, la première fois comme aujourd'hui, elle y avait été totalement étrangère?

Il ne fit aucune attention à ces nouvelles questions; et le peu de mots qui lui échappèrent, ne parurent être qu'une suite du violent désordre dans lequel il était plongé.

« -- Serait-ce donc, s'écria-t-il, une
» nouvelle illusion?... Mais, en ce cas,
» comment l'aurions-nous éprouvée
» l'un et l'autre?... Quelle étonnante
» coïncidence !... Elle ne serait peut-
» être pas impossible... Et cependant
» si cette annonce est vraie, la baronne
» aurait donc cessé d'exister?... Non,
» je ne puis le croire... Le fidèle Ber-
» trand, que j'ai laissé près d'elle, n'au-
» rait pas manqué de m'instruire de
» cette circonstance... Mais peut-être
» a-t-il craint de me l'annoncer, et son

» attachement pour moi l'aura-t-il dé-
» terminé à garder le silence !

» Pardonnez, ma chère Clara , me
» dit-il, en me prenant la main, par-
» donnez cette réserve mystérieuse...
» Je vous expliquerai tout ceci lorsque
» j'en aurai le pouvoir.... Mais gardez-
» vous d'en instruire ma sœur : elle
» n'est pas douée de cette force d'âme
» qui, à vingt ans, vous élève au-dessus
» de votre sexe ; et elle est d'ailleurs
» trop intéressée à tout ceci, pour que
» je ne cherche pas à lui éviter des se-
» cousses qui pourraient mettre en
» danger son esprit et sa raison. »

Ce ne fut qu'après quelques instans
de recueillement, qu'il commença à me
rendre compte de sa promenade et des
nouvelles tentatives qu'il avait faites
pour engager mon frère à le suivre.

« La situation désespérante, continua-
» t-il, dans laquelle je me trouvais, me
» prêtait une nouvelle éloquence; mais

» il était trop affermi dans sa résolution,
» et je ne pus parvenir à l'ébranler.

» Entraînés par ce sujet intéressant,
» nous nous étions plusieurs fois, et
» sans dessein, approchés de la base de
» la rotonde, dont, chaque fois, votre
» frère paraissait s'éloigner avec préci-
» pitation. — « Il semble, me dit-il à la
» fin, que nous soyons conduits ici par
» une main invisible, par une espèce
» de fatalité. » Je redoutais l'observa-
» tion; mais elle était faite. « Puisque
» nous sommes constamment ramenés
» vers ce point, ajouta-t-il en parais-
» sant se faire violence, montons-y
» pour nous reposer un moment; et
» si vous n'êtes pas encore entièrement
» convaincu, j'acheverai peut-être de
» vous persuader. — J'y consentis,
» et nous montâmes aussitôt. Quand
» nous fûmes placés, je repris notre
» conversation, et je tournai en
» ridicule ses appréhensions sur ce
voyage

» voyage. — En admettant, me dit-il,
» que je sois homme à céder à la
» crainte du ridicule dont vous affec-
» tez de me couvrir, qu'y aurez-vous
» gagné? Rien. Vous avez d'autres ad-
» versaires à combattre; et quand bien
» même vous m'auriez vaincu, la
» victoire ne vous serait pas encore
» assurée. Ma femme et ma sœur sont
» là, et il ne vous serait pas aussi
» facile que vous le pensez de les per-
» suader.

» — Je lui fis entendre qu'elles n'hésite-
» raient pas à se conformer à sa volonté,
» et que Catherine regarderait assuré-
» ment cette condescendance comme
» un devoir. — Vous êtes dans l'erreur,
» me dit-il avec une vivacité plus
» qu'ordinaire. Dans une affaire aussi
» importante, il est indispensable que
» leur inclination ne soit pas forcée.
» Je ne veux ni les contraindre, ni
» exiger des sacrifices pénibles. Je suis

E

» leur ami, leur protecteur, je ne veux
» pas devenir leur tyran; et si ma femme
» fait consister son bonheur et celui de
» ses enfans à rester dans cette nou-
» velle patrie, je ne les contraindrai
» certainement pas à l'abandonner.

» —Mais, lui dis-je, quand elle saura
» que ce déplacement vous fait plaisir,
» croyez-vous qu'elle n'en éprouvera
» pas à s'y résigner? — Avant que mon
» ami pût répondre, un *non*, très-
» distinctement prononcé, se fit en-
» tendre ; et il nous eût été bien diffi-
» cile de pouvoir déterminer d'où il
» partait, ni par quel organe il nous
» était parvenu.

» Si quelques doutes avaient pu exis-
» ter encore, ils eussent été bientôt
» éclaircis par la répétition distincte
» et bien articulée du même mono-
» syllabe : un *non* se fit entendre une
» seconde fois et nous frappa d'éton-
» nement. La voix, qui semblait être

» celle de ma sœur, paraissait venir
» d'en haut.

» Je m'écriai, en me levant avec pré-
» cipitation : — « Catherine, est-ce vous?
» Où êtes-vous? » — Je ne reçus aucune
» réponse. Je visitai scrupuleusement,
» et autant que l'obscurité le permet-
» tait, l'intérieur et l'extérieur de la
» rotonde ; mais, n'ayant rien aperçu,
» et voyant votre frère dans un état de
» stupéfaction, je revins près de lui et
» me plaçai à ses côtés, avec une sur-
» prise égale à la sienne.

» — Eh bien, me dit-il, après quel-
» ques instans, que pensez-vous de
» ceci? Croyez-vous maintenant que
» ce soit encore une illusion? Voilà la
» voix qui s'est déjà fait entendre, et
» vous devez être actuellement bien
» convaincu que mes sens ne m'avaient
» pas trompé. — Oui, lui répondis-je,
» ceci n'est que trop évident, et n'est
» point un jeu de notre imagination.

» Nous retombâmes aussitôt dans un
» profond silence ; mais , songeant
» bientôt à l'heure et à la longueur de
» notre absence , je lui proposai de
» rentrer et de vous rejoindre. Nous
» nous levâmes dans cette intention.;
» lorsque , réfléchissant sur ma situa-
» tion : — « Oui ! m'écriai-je tout haut,
» oui ! mon parti est pris. Puisque je
» ne puis déterminer mes amis à me
» suivre ; puisqu'un agent invisible s'y
» oppose, eh bien ! qu'ils restent ; qu'ils
» s'endorment dans l'uniformité de
» leur vie champêtre ; qu'ils la passent
» à végéter sur les bords du Schuylkill.
» Pour moi, je pars par le premier na-
» vire, et je vole aux pieds de madame
» de Stolberg , pour lui demander la
» cause de ce silence désespérant.

» J'avais à peine terminé cette phrase,
» que la voix mystérieuse se fit enten-
» dre : *Ne partez pas ; son silence est*
» *celui des tombeaux.* » — Imaginez,

» si vous le pouvez, l'effet que produi-
» sirent sur moi ces prophétiques ac-
» cens. Je frémis et j'écoutai.

   » Revenu de mon étonnement : — « Qui
» parle, m'écriai-je d'une voix altérée,
» et quelle preᴿᵛᵉ avez-vous de cette
» fatale nouvelle ? — Je n'attendis pas
» long-temps la réponse : *Une preuve*
» *certaine ; elle n'est plus.*

   » Je demandai, avec vivacité, quand
» et où elle était morte, et quelle avait
» été la cause de sa mort ? *Silence !* fut
» le dernier mot qui se fit entendre.
» La voix, plus éloignée, paraissait
» affaiblie ; et le silence le plus absolu
» succéda en effet à toutes les questions
» que je pus faire à la suite.

   » Nous revînmes aussitôt, et, vous
» voyant réunies, le doute qui avait
» existé se trouva éclairci. Plus d'é-
» quivoque : il était évident que la voix
» que nous avions entendue n' 'tait pas
» celle de ma sœur ; mais alors de qui

» était-elle ? Les circonstances singu-
» lières qui ont accompagné cet avis,
» offrent-elles donc la preuve de son
» exactitude ? Ah ! plaise à Dieu qu'il
» soit faux ! Mais j'avoue que je n'ose
» l'espérer. »

Pleyel se tut, et me donna le loisir
de réfléchir sur ce mystère inexplicable.
Comment peindre les émotions qui
m'agitèrent alors ? Je n'étais pas superstitieuse ; je ne croyais ni aux appari-
tions, ni aux revenans, ni aux agens extraordinaires. Les contes merveilleux,
dont on épouvante l'enfance, ne m'a-
vaient jamais fait aucune impression.
Je n'y apercevais que sottise ou extra-
vagance, et j'étais même jusque-là
restée étrangère aux jouissances dan-
gereuses que procure ordinairement
cette espèce de terreur sur une imagination faible ou exaltée. Mais cet évènement, qui confirmait le premier,
différait tellement de tous ceux dont

jusque - là j'avais entendu parler; il
offrait une preuve si incontestable de
l'intervention d'une puissance extraordinaire, qu'il était bien fait pour fixer
mon attention d'une manière toute
particulière, sur-tout lorsqu'il m'était
attesté par un homme digne de foi, et
peut-être moins superstitieux et moins
crédule encore que moi.

Je me sentis pénétrée, pour la première fois, d'une crainte religieuse,
qui ne ressemblait cependant pas à la
terreur; j'en éprouvais encore l'effet,
lorsque je quittai Pleyel pour me retirer
dans mon appartement. Telle était leur
impression, qu'elle éloigna le sommeil, et me livra pendant toute la nuit
au cours entraînant de mes réflexions
et de mes conjectures.

Je commençais à être en quelque
sorte convaincue de l'existence d'agens
mystérieux, mais sans être disposée à
les croire malfaisans. Au contraire,

l'idée d'une bienveillance sans bornes
se trouvait intimement liée, dans mon
esprit, avec celle d'une puissance illi-
mitée : les avertissemens qui avaient
été communiqués paraissaient en effet
avoir été dictés par des intentions bien-
faisantes, puisqu'ils avaient arrêté mon
frère, à l'instant où il allait monter à
la rotonde, en le prévenant du danger
qui l'y attendait, et que sa docilité
l'avait peut-être sauvé d'une destinée
semblable à celle de mon père; Pleyel,
de son côté, avait été délivré; par la
même voie, de ses incertitudes, des
dangers et des fatigues d'un voyage
inutile, en recevant l'assurance positive
de la mort de la baronne.

Cette femme n'existait donc plus ?
L'avis, s'il était vrai, ne pouvait tarder
à être confirmé. Devait-on le craindre
ou le desirer ? Sa mort rompait tous
les liens qui attachaient Pleyel à l'Europe ; tout se réunissait alors pour le

retenir près de nous, et nous cessions d'être exposés aux regrets d'une sépararation douloureuse et peut-être éternelle.

Vingt jours après, un autre paquebot arriva à Philadelphie; mais dans cet intervalle Pleyel avait fui ses amis. En proie à la tristesse et même à la misantropie, il bornait ses promenades près de son habitation, aux bords solitaires de la Délaware, couverts, d'un côté, de roseaux élevés, et formant, de l'autre, un marais étendu qui, dans l'hiver, se confondait avec le fleuve, mais qui devenait, dans l'été, un cloaque impur d'une eau stagnante et fangeuse, parsemée des mêmes roseaux.

On ne pouvait parcourir ces tristes bords sans danger; et les malheureux colons qui avoisinaient ce lieu de désolation, étaient souvent victimes des cruelles maladies que leur causaient les miasmes pestilentiels qui s'en exhalaient, au printemps et en automne.

Combien était différent le paysage qui nous environnait à Mettinghen ! La rivière de Schuylkill présentait une eau toujours claire et limpide, qui, serpentant avec bruit, tantôt libre, tantôt resserrée, s'échappait au travers de blocs de marbre couronnés de cèdres majestueux, et baignait des rives en amphithéâtre, couvertes d'arbustes et enrichies des fleurs les plus éclatantes et les plus délicieusement parfumées.

Mon frère s'était plu à en cultiver les alentours. Les vallées environnantes présentaient les produits de l'agriculture la plus riche et la plus variée, tandis que les pentes escarpées offraient à l'œil étonné le chêne majestueux protégeant l'odorant chèvrefeuille.

Pleyel nous avait promis que, pour éviter les dangers auxquels l'exposaient les bords de la Délaware, il viendrait passer le printemps avec nous ; mais le chagrin qu'il éprouvait l'avait fait changer de sentiment, et nous étions réduits, pour le voir, à l'aller chercher dans sa dangereuse solitude.

En proie à une mélancolie que l'intérêt que je lui avais inspiré, et qui paraissait s'accroître, ne pouvait vaincre, tout autre sentiment cédait à l'impatience qu'il éprouvait de recevoir des nouvelles de Saxe et des bords fangeux de la Délaware. Il vit enfin arriver, au point du jour, le paquebot dont je viens de parler.

Il s'y rendit avec précipitation, n'y trouva aucune lettre à son adresse, mais rencontra parmi les passagers une ancienne connaissance qui avait tout récemment quitté Leipsick, et qui termina ses inquiétudes, non-seulement en lui annonçant la mort de la baronne, mais encore en lui fournissant, sur cet évènement, les détails les plus circonstanciés.

Cette mort, si mystérieusement

annoncée, se trouva donc irrévocablement confirmée. Le temps, qui finit
par adoucir nos chagrins, le rendit
peu à peu aux plaisirs de la société; il
reprit bientôt avec nous ses anciennes
habitudes. Il me sembla que j'entrais
pour beaucoup dans ce rapprochement,
et que c'était de moi qu'il paraissait
attendre l'entier oubli de ses chagrins.
L'attachement, pour ainsi dire frater-
nel, que j'avais pour lui, n'aurait pas
tardé à prendre un caractère plus intéressant, et mon bonheur aurait sans
doute été fixé d'une manière invariable,
s'il n'avait été arrêté par la destinée que
je devais être éternellement malheureuse.

Ces évènemens nous occupèrent pendant long-temps, et touchèrent plus
particulièrement mon frère dans l'imagination duquel ils se liaient avec d'autres aussi fâcheux. Ils devinrent la
source où se reportaient toutes ses

pensées ; et ce n'est qu'à eux qu'on doit
attribuer une recherche singulière dont
il parut, dès ce moment, s'occuper
très-sérieusement, celle d'approfondir
tout ce qui pouvait avoir quelques rapports avec l'esprit mystérieux et fami-
lier de Socrate, et donner quelque con-
sistance à cette conjecture historique.

Ses connaissances dans les auteurs
grecs et latins auraient sans doute
rendu cet ouvrage extrêmement intéressant; mais, hélas ! ce projet, comme
tant d'autres, fut bientôt contrarié par
des événemens dont le souvenir me
fait encore frissonner d'horreur.

CHAPITRE VI.

Me voici donc arrivée à cette époque
terrible, où je dois, en frémissant,
faire connaître l'être incompréhensible
qui empoisonna mon existence. Sa
seule idée opère déjà dans mon être un
bouleversement affreux. Je sens actuellement la difficulté de la tâche que je
me suis imposée; et je l'abandonnerais,
si je n'appréhendais d'avoir à me repro-
cher plus tard cette faiblesse.

Mon sang se glace, ma main se
paralyse au moment de tracer son
image; et, combattant un reste de pusillanimité, je sens que, pour soutenir
mon courage et vaincre ces affreuses
impressions, j'ai besoin de m'arrêter
et de me recueillir un instant.... Si je
me sens près de succomber; si déjà

mes yeux s'obscurcissent, comment parviendrai-je à peindre des horreurs que l'imagination ne peut concevoir, et qu'aucune plume ne peut peindre? Je recule épouvantée; mais mon irrésolution n'est que passagère : je ne me suis pas légèrement engagée; et, quoique je puisse quelquefois hésiter, ou suspendre mon récit, je suis cependant décidée à n'être plus détournée de ma résolution.

O toi, le plus étonnant et le plus fatal de tous les êtres! quelles expressions pourront retracer les vues secrètes qui rendirent tes desseins si long-temps impénétrables? Mais n'anticipons pas... Tâchons de vaincre la terreur, et d'enchaîner le pouvoir entraînant des émotions douloureuses qui sont inséparables de ton souvenir. Écartons pour quelques instans le tableau déchirant des malheurs incalculables dont tu fus l'artisan, et bornons-nous, en te

considérant pour un instant comme un
être ordinaire, à décrire les apparences
innocentes avec lesquelles tu t'offris à
moi, lorsque tu débutas sur cette scène
épouvantable et tragique.

Assise à ma porte, à l'ombre d'un
cèdre, je jouissais, en lisant, d'une
des plus belles soirées d'été, lorsque je
vis un individu passer devant la balustrade qui séparait ma maison du chemin.
Sa démarche lente et indécise n'avait
rien de cette grâce, de cette aisance,
qui distinguent ordinairement le citadin
du cultivateur.

Ses épaules larges et carrées, son
estomac renfoncé, sa tête pendante,
son corps d'une largeur uniforme, sup-
porté par des jambes longues et grêles,
tout en lui présentait un ensemble gau-
che et bizarre.

Son costume répondait exactement
à son physique. Un chapeau rabattu et
flétri par le temps, un habit d'un gros

drap gris qui paraissait être sorti des
mains d'un tailleur de campagne, des
bas de laine bleue, des souliers attachés
avec des lanières de cuir, et décolorés
par une poussière que la brosse n'avait
jamais dérangée, voilà quel était ce
costume. Cet extérieur n'avait rien de
remarquable, et les champs de la colonie m'en avaient souvent offert de
semblables. Le chemin détourné et
solitaire qui bordait mon habitation,
n'était guère fréquenté que par ceux
qu'y attiraient les charmes du ravissant
paysage qui m'environnait.

Cet individu passa lentement ; il
s'arrêta de distance en distance, en
examinant les alentours, sans se tourner vers moi, ni me donner une seule
occasion d'examiner sa figure. Bientôt
il s'enfonça dans un petit bois et disparut. Je le suivis des yeux sans changer de place; mais si son image m'occupa encore après son départ, ce ne

fut que parce qu'aucun autre objet ne
se présenta pour me distraire.

Je restai où j'étais, réfléchissant d'une
manière vague à l'être errant qui venait
de s'offrir à ma vue, et à l'ignorance qui
accompagne ordinairement la pratique
de l'agriculture. Je calculais combien
l'influence des lumières toujours crois-
santes pouvait contribuer à donner
quelque réalité aux rêves enchanteurs
de nos poëtes, et je me demandais
pourquoi la bêche et la charrue ne
pourraient pas s'allier avec les talens,
les connaissances et les lumières? Fatiguée de ces réflexions, je rentrai de
suite. Je n'avais avec moi qu'une femme
âgée, qui m'avait élevée, et une jeune
fille, à peu près de mon âge : car mon
frère, qui demeurait à peu de distance,
se chargeait de faire cultiver mes terres
avec les siennes. Je touchais alors à
ma vingtième année.

J'étais debout devant une petite bi-

bliothèque dans laquelle je replaçais
mon livre, lorsque tout-à-coup j'entends frapper à ma porte. Agatha l'ouvre, et j'entends lui faire cette demande:

« Pourriez-vous, jeune fille, rafraî-
» chir un homme altéré, avec un verre
» de petit lait..... » Elle lui répondit
qu'elle n'en avait pas dans la maison.

« — Cela est possible; mais il s'en
» trouve, sans doute, dans la laiterie
» que j'aperçois là-bas. — Je vous
» assure, monsieur, qu'il ne m'en reste
» pas une goutte. — En ce cas, ma
» bonne amie, et au nom sacré de
» la bienfaisance, donnez - moi au
» moins un verre d'eau fraîche. »

Agatha se mit en devoir d'aller lui
en chercher à la fontaine : — « Non,
» prêtez-moi ce vase, dit l'étranger, et
» permettez-moi d'y aller moi-même:
» car, n'étant ni estropié, ni infirme,
» je mériterais d'être jeté dans la Dé-
» laware, si je pouvais souffrir qu'une

» aussi jolie fille que vous prît pour
» moi cette peine. »

A ces mots, recevant le vase des
mains d'Agatha, il se rendit directe-
ment à la fontaine. J'écoutais en silence
ce dialogue. Les paroles qu'avait prononcées cet étranger, le ton et l'expres-
sion qui les avaient accompagnées,
m'avaient singulièrement émue. L'organe de Pleyel n'était pas dépourvu
d'harmonie ; mais je n'entreprendrai
pas de rendre l'étonnante impression
que celui-ci fit sur moi, ni de peindre l'irrésistible puissance qui l'accompagnait.

Les derniers mots de l'étranger
avaient été articulés avec une expres-
sion qui m'avait été jusqu'alors incon-
nue, et les modulations de cet organe
étaient tellement sentimentales, qu'il
était impossible de l'entendre sans en
être vivement frappé. Il me fit éprouver
un effet aussi entraînant qu'involon-
taire ; et lorsqu'il prononça ces mots : *au*

nom sacré de la bienfaisance, le livre, que je tenais encore, me tomba des mains; mon cœur, ému par la sympathie, battit avec force, et mes yeux se remplirent de larmes.

Ceux de mes lecteurs qui n'ont pas éprouvé ces impressions vives et soudaines d'où dépendent si souvent le bonheur ou le malheur de la vie, seront, comme je le fus d'abord, étonnés de leur effet : puissent-ils, hélas ! être toujours à l'abri de leur funeste influence! Mais ceux qui, comme moi, ont eu le malheur d'en éprouver la dangereuse atteinte, ne trouveront ni légers ni insignifians, les détails que je crois devoir leur donner, et c'est à eux seuls qu'il appartient d'en apprécier toute la valeur.

On croira facilement que ma curiosité fut vivement excitée sur le compte de l'étranger que je venais d'entendre. Je m'élançai vers la porte pour la satisfaire : jugez de ma surprise lorsque j'aperçus le même individu que, peu auparavant, j'avais vu passer devant ma maison.

Mon imagination m'avait présenté une toute autre image. Je m'étais figuré des formes, des grâces, un extérieur fait pour accompagner un semblable organe; mais, à la vue du contraste étonnant que je remarquai, j'eus, je l'avoue, quelque peine à me réconcilier avec un semblable changement. Je me jetai, avec dépit, sur un siége placé près de la porte, et j'y restai ensevelie dans mes réflexions.

J'en fus tirée par le retour de l'inconnu qui venait rapporter le vase. Je n'avais pas pensé à ce retour, et la promptitude de cette entrevue me jeta dans un trouble et un embarras inexprimables. Il revenait avec un front calme et serein; mais il m'eut à peine aperçue, qu'une rougeur, aussi vive

que celle que j'éprouvais, lui couvrit
le visage; il plaça le vase sur les degrés
de la porte, et se retira de suite en balbutiant quelques remercîmens.

J'avais rapidement saisi la figure et
les traits de cet étranger. Ses joues
étaient pâles et creuses, ses yeux en-
foncés, son front ombragé de cheveux
noirs et épais, ses dents larges et irré-
gulières, mais d'une blancheur écla-
tante, sa peau rude et tannée; chacun
de ses traits enfin éloignait l'idée du
beau, et l'ensemble de sa figure repré-
sentait un cône renversé. Cependant,
ce front, autant qu'on pouvait l'apercevoir, ces yeux brillans, quoiqu'un
peu hagards, portaient un éclat auquel
était attachée une puissance que je ne
puis décrire; et ses traits, malgré leur
altération, présentaient je ne sais quoi
d'entraînant qui indiquait un homme
extraordinaire, et doué de facultés su-
périeures.

Quand il fut éloigné, je m'occupai exclusivement de cet être étonnant, de l'irrésistible impression qu'il avait faite sur moi, et rien ne put m'en distraire.

Je devais passer la soirée chez mon frère; mais je n'eus pas la force de m'arracher à mes méditations, ni de résister au désir de jeter sur le papier le croquis de l'objet qui m'avait si vivement émue; et, quoique tracée à la hâte, cette production d'une imagination exaltée me parut d'une ressemblance frappante. Mes yeux ne pouvaient s'en détacher, et une partie de la nuit se passa dans cette dangereuse contemplation qui enfonça plus profondément encore dans mon cœur le trait qui venait de le frapper. Je ne réfléchissais pas aux chaînes que je me préparais, et dont ma destinée devait me rendre la victime, lorsque j'en forgeais ainsi le premier anneau!

Je

Je me couchai tard et me levai de
même. Le jour avait amené la tempête,
et j'aperçus en m'éveillant le désordre
du temps : « Où est-il, m'écriai-je,
» aura-t-il trouvé un asile? Dépourvu
» de tout, à en juger par les appa-
» rences, victime de l'infortune, et
» digne cependant d'un meilleur sort,
» aura-t-il rencontré un toit hospita-
» lier? Mais, qu'est-ce donc qui m'in-
» téresse en lui? Sais-je qui il est, et
» dois-je m'inquiéter autant pour un
» homme que je n'ai jamais vu, et que
» je ne reverrai probablement jamais?
» Quelle est donc la force étonnante
» qui m'entraîne vers lui, lorsque je me
» sens avertie par quelque chose dans
» son regard, du danger imminent
» auquel je suis exposée; et comment
» ce regard a-t-il tout à la fois un pou-
» voir qui attire et qui repousse? »

Je réfléchissais sur les effets étonnans de la sympathie. Je la voyais se

F

manifester avec plus ou moins de force
dans les rapports des sexes différens,
sous le nom d'amour ; dans ceux du
même sexe, sous le nom d'amitié, et
je la voyais étendre son sceptre sur la
nature entière. Ces facultés occultes,
dignes de toute l'attention d'un observateur, seraient bien moins à craindre
si elles étaient mieux connues ; mais
il faudrait commencer par définir cette
irrésistible attraction, cette inconcevable magie qui, dans nos bois, force
l'écureuil palpitant et fasciné par le seul
regard du serpent-sonnette, à venir
se coucher dans sa gueule, après avoir
en vain décrit cent cercles autour de lui
pour lui échapper. Hélas ! tel était en
quelque sorte l'effet que je ressentais, et
déjà je commençais à m'en apercevoir.

La pluie tombait à torrent; le ton-
nerre retentissait avec éclat dans les
montagnes environnantes : ne pouvant
sortir de la maison , je me mis à con-

templer de nouveau le portrait qui
m'avait tant occupée la veille.

La nuit vint; la tempête avait cessé,
l'atmosphère était calme. L'obscurité
me retrouva à la même place et dans
la situation où je m'étais trouvée la
veille.

Pourquoi donc étais-je triste et abat-
tue? Est-ce par un sein agité, par des
soupirs, par des larmes, par des craintes
et par la terreur, que s'annonce ordinairement une passion qui est destinée
à faire notre félicité et à embellir notre
existence?

Ma pensée errait avec attendrisse-
ment sur les rares qualités de mon
frère, la candeur de son épouse, les
innocentes caresses de ses enfans, la
captivante amitié de Louisa; ce tableau
augmentait ma tristesse, et quelque
chose me présageait que le bonheur
dont nous avions joui touchait à sa fin.

La mort pouvait nous séparer : mais

je m'étais jusque-là abstenue de réfléchir sur cette commune destinée, et l'idée ne s'en était offerte à mon esprit que d'une manière vague et dépouillée de tous les accessoires qui en font un objet d'horreur; au lieu que maintenant, l'incertitude de la vie, l'inquiétude de l'avenir se présentaient à moi avec une force accablante. Je me disais : « Nous devons donc mourir, et,
» malgré les liens qui nous attachent
» à la vie, disparaître à jamais de la
» surface du globe! Mais ne pourrait-
» on pas regarder la mort comme un
» bienfait? Notre existence n'est, en
» effet, qu'une calamité. Hélas! le plus
» grand nombre des mortels, accablés
» de souffrances, soupirent après leur
» délivrance; et ceux même dont les
» vœux sont comblés par la fortune et
» l'ambition, n'obtiennent que des
» jouissances passagères et factices,
» par cela même qu'elles sont cons-

» tamment empoisonnées par la pers-
» pective du terme fatal que la nature
» leur a imposé. »

Je pris ma harpe et j'essayai de dissiper ces idées noires par le secours de
la musique. Je choisis une romance
qui rappelait la triste fin d'un jeune che-
valier saxon qui tomba sous les coups
de Godefroy de Bouillon au siége de
Nice, et dont l'amante désespérée était
morte de chagrin. Ce choix était bien
peu propre à distraire et à calmer mon
cœur.

Je cherchai quelque tranquillité dans
le sommeil; mais, tourmentée par les
images lugubres dont je ne pouvais me
défendre, je le sentais s'éloigner de
mes paupières fatiguées. Tout-à-coup
j'entendis la pendule, qui était près de
moi, frapper le coup de minuit. C'était
celle qui avait été placée jadis dans l'appartement de mon père. C'était la même
heure, le même timbre qui avaient

donné le signal de sa destruction. Cette
pendule m'était échue dans le partage
de famille, et je l'avais placée avec
crainte et respect dans mon asile.

Ce coup de minuit réveilla dans mon
ame d'anciens souvenirs, en me rappelant les circonstances de la mort de
mon père, et je n'avais pas besoin de
cet accroissement d'émotion. Toutes
les fibres de ma tête étaient violemment
tendues; mes idées se confondaient;
mes artères battaient avec violence, lorsque mon attention fut fixée par une circonstance singulière. Je crus entendre
parler bas, et le bruit paraissait venir
de quelqu'un placé près de mon oreille.
Je me sentis glacée d'effroi, et je ne pus
jeter qu'un faible cri, en me précipitant
au pied de mon lit.

Je ne tardai cependant pas à reprendre mes esprits; car j'étais au-
dessus des sentimens de terreur auxquels sont assujéties les personnes

de mon sexe. Je ne craignais ni les
revenans, ni même les voleurs : mon
repos n'avait jamais été troublé par aucun d'eux. Cet événement ayant opéré
une puissante diversion sur mes premières idées, je repris un sang-froid
que je ne possédais certainement pas
un instant auparavant.

Je crus d'abord qu'Agatha, effrayée
ou malade, était venue réclamer mon
secours. J'élevai la voix : « Est-ce vous,
» Agatha? Que voulez-vous? Avez-
» vous besoin de quelque chose ? »

Je ne reçus aucune réponse. La nuit
était très-obscure. J'écartai un peu les
rideaux de mon lit, et, penchant ma
tête sur mon avant-bras, je cherchai,
par une attention soutenue, à saisir
quelques nouveaux sons.

Agatha était couchée à l'extrémité de
la maison : elle ne pouvait arriver dans
mon appartement sans traverser une
chambre d'ami et un corridor qui était

en face, et je l'aurais entendue venir.
Mon cabinet, dont la porte fermée à
clef était près de mon lit, et qui contenait mes livres, ma harpe, ma musique et mes dessins, n'avait aucune
issue au dehors, et était éclairé par un
dôme en vitrage , fortifié d'un grillage
en fer; et toutes les portes et les volets
de la maison étaient soigneusement
fermés et vérouillés lorsque le jour
commençait à tomber. Après quelques
instans de réflexion, je me rassurai,
dans la persuasion que mon imagination échauffée avait transformé un
léger bruit, causé par quelque animal
domestique, dans le son d'une voix
humaine.

J'allais quitter cette attitude gênante,
lorsque mon oreille fut frappée de
nouveau par le même bruit. On paraissait parler un peu moins bas, et je fus
bientôt convaincue que la voix partait de
l'intérieur de ce cabinet. Je tressaillis,

mais sans laisser échapper aucun signe de frayeur; et, devenue maîtresse de moi, je continuai d'écouter attentivement.

Cette voix basse et rauque était distincte, et provenait d'un individu qui paraissait vouloir être entendu de quelqu'un près de lui, sans l'être cependant d'aucun autre.

« Arrrête, arrête, imprudent! Évitons le bruit; il est un moyen meilleur que celui de l'arme à feu. » Ces paroles étaient prononcées avec véhémence. Quelle interprétation devais-je leur donner? Mon cœur, frappé par la crainte d'un danger réel, commença à palpiter d'horreur. J'entendis de suite une autre voix répondre : « Pourquoi craindre le bruit?... Je me sens la force de lui brûler la cervelle, mais dieu me damne si j'ai celle d'en faire davantage! » Alors la première voix, un peu renforcée par la colère,

prononça distinctement ces mots : « Re-
» tire-toi, poltron, et regarde-moi
» faire. Je la saisirai à la gorge avec ce
» nœud coulant, et tu ne lui entendras
» seulement pas jeter un soupir. »

Imaginez, si vous le pouvez, la terreur qui me saisit en écoutant ce dialogue. Il était évident que des assassins
s'étaient introduits dans mon cabinet ;
qu'ils y complotaient ma mort, et que,
d'accord sur le moyen de destruction,
ils allaient à l'instant même exécuter
leur projet.

La fuite me parut le seul moyen de me
soustraire à un péril aussi imminent.
Je cessai de délibérer, et, la crainte me
donnant des ailes, je me précipitai hors
du lit, légèrement vêtue. Je m'élançai
avec rapidité hors de la chambre, je
sautai l'escalier, j'ouvris la porte et me
trouvai en plein air. Je ne me rappelle
pas d'avoir ouvert les serrures ni poussé
les verroux : j'avais perdu la tête, et la

machine agissait seule, en ce moment, pour sa conservation. La terreur précipitant mes pas, je ne m'arrêtai que lorsque je fus arrivée à la porte de mon frère, et j'y touchais à peine, qu'épuisée par la fatigue et la violence des émotions, je m'évanouis.

J'ignore combien de temps je restai dans cette situation. Quand je revins à moi, je me trouvai couchée, et environnée de ma famille. Étonnée de ce que je voyais, je restai quelque temps sans pouvoir me rappeler ce qui venait de se passer.

Je donnai à mes amis tous les détails qu'on vient de lire. Pleyel, qui avait passé la nuit chez mon frère, partit avec lui et avec des domestiques armés et éclairés, pour visiter mon habitation.

Ils en parcoururent les moindres réduits, et ne virent rien d'enlevé ni de dérangé. La porte même de mon cabinet était encore fermée à la clef. Ils durent, pour y pénétrer, en forcer la serrure, et ils trouvèrent tout en place.

Ils réveillèrent Agatha, qui, étonnée et interdite, ne put répondre à aucune de leurs questions. Ils la firent recoucher, et, assurés que ma nourrice dormait profondément, ils vinrent nous rejoindre, après avoir soigneusement fermé toutes les portes.

D'après cet examen, on parut généralement convaincu que ce qui m'était arrivé ne pouvait être que l'effet d'un rêve pénible, causé par quelque indisposition, et l'on ne put se persuader que quelqu'un se fût introduit dans un cabinet fermé et qui ne permettait aucun accès au dehors. On ne pouvait croire en effet que des assassins eussent comploté un meurtre, dans une autre vue que de commettre un vol; et cependant il était évident qu'aucun projet de ce genre n'avait été formé, puisque,

malgré ma fuite, qui l'aurait facilité,
rien n'avait été dérangé chez moi.

Je repassai de nouveau dans mon
esprit toutes les circonstances de cette
mystérieuse aventure. Mes sens m'as-
suraient de leur exactitude, et cependant, entraînée par un mouvement
d'amour-propre, je me laissai aller peu
à peu à l'état d'incrédulité dans lequel
mes amis se trouvaient; mais ce ne fut
que quelque temps après, que je pus me
décider à aller reprendre possession de
mon ancienne demeure.

Une autre circonstance contribua
encore à augmenter notre étonnement.
Je m'informai, après mon rétablisse-
ment, comment l'attention de ma famille avait pu se trouver fixée sur ma
situation, lorsqu'au milieu de la nuit j'é-
tais tombée évanouie à la porte de mon
frère, sans avoir pu donner aucun signal.

J'appris que Wieland, se trouvant
éveillé en ce moment, avait entendu

une voix aigre et perçante, qui paraissait s'élever de l'appartement au-dessous
de lui, et qui criait : *Réveillez-vous!...*
Levez-vous!... Portez du secours à
quelqu'un qui périt à votre porte!...
Cet ordre ne put être méconnu, puisqu'il n'y eut pas un seul individu dans
la maison qu'il n'eût éveillé. Pleyel
joignit mon frère avant qu'il arrivât au
bas de l'escalier; mais quelle fut leur
surprise, en me trouvant étendue sur
le gazon, pâle, défigurée, expirante,
et sans aucune connaissance.

C'était le troisième exemple d'une
voix mystérieuse, employée pour le
salut de la famille, et dont l'auteur restait toujours inconnu. Suspendue entre
la crainte et l'étonnement, je ne trouvai
dans cet événement aucun motif qui
tendît à me persuader que la conversation nocturne entendue, quelques
instans auparavant, dans mon cabinet,
fût une illusion.

Combien mon ancienne fermeté se trouvait ébranlée ! Cette habitation, qui m'avait été si chère, perdait tous ses charmes à mes yeux; et cette solitude, qui m'avait tant captivée, m'était devenue insupportable.

Pour achever de calmer mes alarmes, Pleyel, qui, depuis cette époque, m'avait rendu des soins plus empressés et témoigné le plus tendre intérêt, vint, à la demande de mes amis, s'établir chez moi, avec un ancien domestique de la famille. Pour parvenir à me guérir entièrement de mes frayeurs, il les tourna en plaisanterie; et, à force d'en rire, il parvint à les affaiblir au point de me les rendre ridicules à moi-même.

~~~~~~~~~~~~~~~~~~~~~~~~~~~~~~~~~~~~~~

CHAPITRE VII.

Je n'entrerai pas dans le détail de toutes les recherches, ni de toutes les conjectures auxquelles ces événemens donnèrent lieu, puisqu'elles n'amenèrent aucun résultat.

Ils ne m'avaient cependant pas fait perdre de vue mon inconnu : l'impression que j'avais reçue était ineffaçable. Je racontai à mes parens et à mes amis les particularités de mon entrevue avec lui, et leur montrai le portrait que j'en avais tracé. Pleyel se rappela d'avoir rencontré depuis peu, à Philadelphie, un individu qui lui ressemblait, et dont l'extérieur répondait exactement à ma description. Il avait même une idée confuse de l'avoir encore vu dans ses voyages en Europe. Il me railla sur l'état de mon cœur, qu'il prétendait

être captivé par cet étranger, et me me-
naça en riant de le prévenir, à la première rencontre, de sa bonne fortune.

Il ne pensait guères me confirmer,
en plaisantant ainsi, une funeste vérité,
ni agir en quelque sorte d'une manière
contraire aux sentimens qu'il cherchait
à m'inspirer : aussi, convaincue de mon
côté combien il était éloigné de rien
faire qui pût compromettre ma délicatesse ou ma réputation, je reçus ; avec
un plaisir que je ne pus dissimuler,
l'assurance qu'il me donna de présenter
avant peu cet étranger dans notre société, et de me procurer la satisfaction
de le connaître.

Quelques semaines s'étaient écoulées, lorsque, fatiguée par la grande
chaleur, je me rendis un soir, pour
respirer le frais, dans une grotte placée
près du lit de la rivière, dont les bords,
en cet endroit, étaient très-hauts et très-
escarpés. On descendait dans cette

grotte par une rampe taillée dans le roc.
Cet endroit était délicieux; on y était
entouré d'arbustes très - odoriférans,
et l'air y était rafraîchi par une source
qui tombait en cascade sur une pente
de plus de soixante pieds d'élévation.

J'étais placée sur un banc de rocaille.
La solitude, le bruit des eaux et le par-
fum des plantes me plongèrent dans un
profond sommeil; mais je fus bientôt
tourmentée par des rêves désagréables.

Il me sembla que je me rendais, vers
la nuit, à l'habitation de mon frère.
Un gouffre affreux se présente tout-à-
coup sur mon chemin, et j'aperçois
Wieland qui m'appelait à quelque distance, en me faisant signe de venir à lui.
J'avance, malgré le danger. Un pas de
plus allait me précipiter dans l'abyme;
lorsque me sentant saisir avec violence
par le bras, j'entendis une voix s'écrier
avec terreur : « *Arrêtez! arrêtez!* »

J'ouvris les yeux, et me trouvai

debout et environnée de l'obscurité la plus profonde. Épouvantée, je doutai si je ne rêvais pas encore. Étonnée de me voir dans cette profonde solitude, j'eus besoin de recueillir mes sens afin de pouvoir me rappeler quand et pourquoi j'y étais venue. La nuit devait être avancée. Je sentais le danger de séjourner plus long-temps en cet endroit; mais l'obscurité m'ôtait les moyens d'en sortir, ni de retrouver et de remonter la rampe sans m'exposer à être précipitée dans le torrent; je pris donc le parti de m'asseoir et de réfléchir sur ma situation.

A l'instant même, une voix très-basse se fit entendre derrière moi. Elle paraissait sortir d'une très-petite ouverture, que j'avais remarquée, et que les eaux ou peut-être le hasard avaient pratiquée dans le rocher, mais qui était bien loin de pouvoir donner accès au moindre individu.

« *Écoutez, me dit-on, et ne craignez*
» *rien.* » Je tressaillis. « Dieu ! m'é-
» criai-je, qui est là ? Qui êtes-vous ?
» -- *Un ami, un protecteur, qui, loin*
» *de chercher à vous nuire, vient pour*
» *vous sauver. Rassurez-vous.* »

Je crus reconnaître cette voix pour
une de celles qui, dans mon cabinet,
avaient précédemment comploté ma
destruction. La terreur me rendit stu-
péfaite. Elle continua.

« *J'ai voulu attenter à vos jours,*
» *je m'en repens. Souvenez-vous de*
» *ce que je vais vous dire. Évitez ce*
» *lieu, votre salut en dépend ; par-*
» *tout ailleurs vous n'avez rien à*
» *craindre. Vous êtes perdue, si vous*
» *révélez ce que je viens de vous dire.*
» *Rappelez-vous la fin terrible de*
» *votre père, et soyez discrète.* »

Elle cessa. Ma frayeur était extrême.
Persuadée du danger qui m'environnait,
j'aurais voulu m'éloigner à l'instant ;

je ne le pouvais sans m'exposer à d'autres dangers, et il y avait, pour moi, un péril égal à partir ou à rester. J'étais dans cette cruelle incertitude, lorsqu'un rayon de lumière vint tout-à-coup projeter une faible clarté sur le sommet du rocher qui dominait la rampe. Elle s'évanouit bientôt, et d'autres lui succédèrent, qui s'évanouirent encore après une aussi courte durée.

Tout ce qu'il y a de terrible se présenta alors à mon esprit. La mort planait sur mon être. La voix m'avait ordonné de m'éloigner sous peine de subir le sort de mon père, et la fuite était impossible. Déjà j'envisageais ces rayons mystérieux comme les précurseurs du coup qui l'avait frappé; l'heure fatale était peut-être la même, et je frémis, comme si j'avais entrevu le glaive exterminateur suspendu sur ma tête.

Bientôt une lueur plus vive se fit

apercevoir au haut du précipice, et je croyais toucher au dernier moment, lorsque je m'entendis très-distinctement appeler. De quelle affreuse situation je fus délivrée en reconnaissant la voix de Pleyel! Non, jamais elle ne m'avait causé tant de plaisir!

Ange consolateur! comme tu vins à propos! Combien cette inquiétude sur ma sûreté me fut précieuse, et combien elle augmenta tes droits sur un cœur, qui, deux mois plus tôt, eût été entièrement à toi!

Il m'appela plusieurs fois, avant que je pusse lui répondre. Il descendit enfin, guidé par cette lumière qui m'avait tant effrayée, m'aida à sortir de cet endroit et me reconduisit chez moi. Pâle et sans force, je pouvais à peine me soutenir. Il s'informa avec intérêt des causes de ma frayeur et de l'absence extraordinaire que j'avais faite. Il était, me dit-il, revenu à dix heures de chez mon frère. Ayant appris d'Agatha que j'étais sortie sans dire où j'allais, et ne me voyant pas revenir, il avait éprouvé les plus vives inquiétudes. Il avait en vain parcouru, depuis deux heures, les environs; et il allait prévenir mon frère de cette absence, lorsque, se rappelant la grotte de Schuylkill, il était enfin venu jusque-là dans l'espoir de m'y trouver.

Je n'osai l'instruire de ce qui s'y était passé, et je me bornai à lui dire que, m'y étant endormie, j'avais éprouvé quelque crainte à mon réveil, en me trouvant hors d'état, par l'obscurité, de pouvoir en sortir.

Je doutais encore si la voix qui m'avait arrêtée à l'instant où j'allais me précipiter dans le gouffre, n'était pas la même que celle qui m'avait parlé du danger de ma situation, en me rappelant la mort de mon père, et ne tenait pas uniquement à mon rêve;

mais j'étais tellement frappée de l'injonction que j'avais reçue d'être discrète,
et du danger auquel m'exposerait mon
indiscrétion, que je gardai le plus profond silence sur cette scène étonnante
et me retirai dans mon appartement.

Peut-être penserez-vous, en lisant
ceci, que le malheur a obscurci ma
raison. Je n'en serais pas surprise :
je sens qu'il est indispensable que la
suite de mon étonnante histoire déve-
loppe et explique d'une manière satis-
faisante ces faits mystérieux. Cependant
que devais-je penser? Un complot était
formé contre mes jours. Qui avais-je
offensé? Quelles raisons avait-on d'en
vouloir à ma vie? N'avais-je pas constamment été l'amie des malheureux?
N'avais-je pas consacré journellement
mon superflu à leur soulagement, et n'en
avais-je pas reçu la plus douce récom-
pense, dans leurs bénédictions et leur
reconnaissance? Généralement aimée
et

et estimée, rencontrai-je jamais une figure qui ne se couvrît à mon approche d'un sourire de bienveillance? Comment donc avais-je mérité d'armer contre moi des assassins?

Jusqu'ici j'avais fait preuve de courage, j'avais montré de la fermeté dans le danger; mais ma situation était devenue au-dessus de mes forces, et je n'étais plus qu'une femme ordinaire.

J'avais reçu l'assurance que, par-tout ailleurs que dans la grotte, ma vie était en sûreté : j'étais cependant partout également sans défense. Pourquoi donc n'avais-je rien à craindre dans un autre endroit? J'avais séjourné pendant quatre heures dans cette solitude sans y être attaquée. Une voix que j'avais déjà entendue, m'avait avertie de fuir et de n'y plus reparaître; elle m'avait recommandé le secret : mais pourquoi aurais-je mérité la mort en le divulguant?

G

Elle m'avait rappelé la fin extraordinaire de mon père. Cette fin était-elle
le résultat de quelque vengeance, ou la
péine encourue par quelque indiscrétion de la nature de celle contre laquelle on cherchait à me prémunir?
Telles furent mes réflexions pendant
la nuit, et elles éloignèrent le sommeil.

Pleyel m'instruisit, le lendemain en
déjeûnant, d'une circonstance que mon
aventure de la veille lui avait fait ou-
blier. Ses affaires l'ayant conduit le
même jour à Philadelphie, il y avait
rencontré, dans un café, un homme
dont l'extérieur répondait exactement
au signalement de l'inconnu qui avait
fait sur moi une si étonnante impression. Il l'avait accosté et l'avait reconnu
pour avoir été très-lié avec lui en Europe. Il avait de suite renouvelé connaissance, et, voulant me tenir parole
et satisfaire ma curiosité, il l'avait invité à venir nous voir à Mettinghen,

Son invitation avait été reçue avec
plaisir; et l'étranger, ayant affaire dans
nos environs, avait promis de venir,
le lendemain, nous rendre visite.

Cette nouvelle me causa une bien
vive émotion. Je m'informai avec empressement de tout ce qui avait rapport
à cet homme singulier; je voulus savoir
quand et où ils s'étaient vus : je desirais
connaître sa vie, sa conduite et son
caractère.

Pleyel m'apprit que, voyageant en
Espagne, trois ans auparavant, et
s'étant rendu de Valence à Murviedro,
pour y contempler des ruines romaines,
il avait, en parcourant celles de l'ancien
théâtre de Sagonte, rencontré cet individu, assis sur le fût d'une colonne
brisée, et occupé à parcourir un ouvrage sur les antiquités du pays. Réunis
par le même goût, ils s'étaient bientôt
liés d'amitié, et ils étaient revenus en-
somble à Valence.

Son costume, ses manières et son langage étaient alors espagnols : un séjour de plusieurs années en Espagne, joint à une étude particulière des mœurs, des habitudes et du langage de ses habitans, l'avait confondu avec eux, au point de s'y méprendre. Il fréquentait les familles les plus distinguées de Valence; il avait abjuré le protestantisme pour suivre la religion catholique, et avait changé son nom anglais de Carwin en celui de Don Carvino.

Il s'occupait de recherches intéressantes sur l'histoire, la littérature et la religion de sa nouvelle patrie. Il avait alors un extérieur très-agréable, une mise très-élégante et un état de maison fastueux. Il passait pour un homme extraordinaire, doué de connaissances prodigieuses, d'une profonde érudition; et, ce qui ne surprendra pas chez une nation aussi superstitieuse, on

prétendait, à Valence, qu'il s'était fait
une étude particulière des sciences occultes. Parfaitement accueilli du beau
sexe, sur lequel on lui attribuait une
influence toute particulière, quelques
aventures galantes et qui avaient eu
de l'éclat, l'avaient rendu tellement redoutable, que, quoiqu'on fût en garde
contre lui, ses succès n'en avaient pas
moins été aussi rapides que surprenans.
Il s'était tiré avec un bonheur inoui de
plusieurs mauvaises affaires, que sa passion pour les femmes lui avaient sus-
citées, et qui n'avaient abouti qu'à faire
éclater une bravoure à toute épreuve.
Il était même sorti victorieusement des
cachots de l'inquisition, où ses ennemis,
désespérant de se défaire de lui, l'a-
vaient fait plonger; et l'on avait toujours ignoré par quels moyens il avait
pu se les faire ouvrir. Il ne suivait aucune profession, faisait beaucoup de
dépense, et tirait d'Angleterre tous ses

moyens d'existence. Il s'était alors atta-
ché particulièrement à Pleyel, dont le
caractère, les goûts et la gaieté lui
plaisaient infiniment; et la plus grande
intimité avait subsisté entre eux jusqu'au départ de celui-ci, qui l'avait
laissé à Valence, et n'avait plus entendu
parler de lui jusqu'à ce moment.

En reconnaissant Pleyel au café,
Carwin l'avait accueilli avec quelque
réserve. Fâché sans doute d'être retrouvé dans une situation aussi diffé-
rente, par celui qui l'avait vu dans le
rôle le plus brillant, il avait soigneusement évité de répondre à ses questions
sur les motifs qui lui avaient fait quitter
l'Espagne; de sorte que Pleyel n'avait
pu deviner les causes du changement
qu'il avait remarqué dans sa situation.
Il ne savait à quoi attribuer son costume
extrêmement négligé. Était-ce l'effet
du besoin, ou celui de la nécessité de
se déguiser et d'échapper aux regards?

Mais alors pourquoi gardait-il son nom? Pourquoi ses traits étaient-ils, en quelque sorte, défigurés? Pourquoi cet extérieur, autrefois si brillant, si séduisant, était-il aussi changé?

Je ne fus pas fâchée de me trouver seule, une partie de la journée, pour méditer sur tout ceci. Ce que je venais d'apprendre de cet homme, augmentait encore le vif intérêt qu'il m'avait inspiré. Mon amour-propre, que cet intérêt avait jusque-là un peu blessé, se trouvant rassuré, laissait à mon cœur plus de liberté pour se livrer aux impressions qu'il avait reçues. Je devais le voir dans la soirée même. J'allais donc entendre cet organe, et envisager de près ces traits qui, dans un seul instant, m'avaient si vivement émue !

Né en Angleterre, dans la religion protestante, il l'avait abandonnée, ainsi que sa patrie, pour adopter l'Espagne et le catholicisme, et depuis il avait

encore quitté l'un et l'autre. Qui avait
pu le porter à des changemens aussi
répréhensibles? N'était-il donc, lors
de sa première abjuration, qu'un vil
hypocrite, qui s'était joué de ce qu'il
y a de plus sacré parmi les hommes;
et dans quelle vue? Ce ne pouvait être
alors pour se soustraire au besoin, qui,
dans aucune situation, ne peut auto-
riser à renier son Dieu ni à trahir sa
conscience.

Je réfléchis avec crainte sur l'impression que cet homme avait faite sur moi,
et je me promis de l'observer, et de
l'éloigner si je m'apercevais que cette
crainte eût quelque fondement réel.
« Je le pourrai toujours, me disais-je;
» mais je veux au moins le connaître,
» le voir de près, et examiner à loisir
» les moyens par lesquels il obtient
» un ascendant aussi irrésistible sur
» mon sexe. » Fatale curiosité!

En me rendant chez mon frère, où

je devais le rencontrer, un poids affreux m'oppressait, et mon cœur était
agité de sinistres pressentimens ; mais
le sort était jeté, rien ne pouvait le dé-
tourner : et je ressemblais à ces enfans
qu'une fatalité entraîne à parcourir les
bords d'un précipice, par cela seul
qu'ils sont exposés à y périr.

Les plaisanteries de Pleyel me faisaient éprouver de la contrainte. Je
tremblais qu'il ne découvrît le véritable
état de mon cœur. Sa présence augmentait encore mon embarras : car,
entraînée vers ma destinée, je sentais
cependant qu'il était le seul qui pût
assurer mon bonheur, j'éprouvais un
secret dépit, et mon amour-propre
souffrait de voir qu'il traitât aussi gaiement la supposition que je pusse m'attacher à un autre.

~~~~~~

CHAPITRE VII.

J'ARRIVAI d'assez bonne heure chez mon frère; Carwin y était depuis long-temps. Je le fixai en entrant, et à peine m'eut-il reconnue, que je remarquai dans tous ses traits une altération soudaine. Il se remit aussitôt, m'adressa la parole avec beaucoup d'aisance, mais avec une certaine réserve; me rappela, d'une manière extrêmement honnête et flatteuse, les circonstances de notre première entrevue, et se félicita de pouvoir faire enfin la connaissance d'une femme si intéressante, qu'il en avait, me dit-il, entendu parler dans tout le pays, comme de celle qui était l'honneur et l'ornement de son sexe.

Je ne répondis, je crois, que par monosyllabes. Jamais je n'avais éprouvé

un semblable embarras ; je n'étais occupée qu'à cacher mon émotion, et à
considérer avec attention l'être indéfi-
nissable qui opérait sur moi de semblables effets. Ils se faisaient plus ou
moins sentir sur chacun de nous ; car
nous l'entourions avec cet empressement qui ne veut perdre ni un mot ni
un geste. On ne pouvait refuser de
rendre hommage à son esprit et à ses
talens : mais, à travers tout cela, je
ne pouvais démêler si cet être singulier
devait être craint ou aimé; si enfin la
puissance entraînante dont il paraissait investi, était exercée pour le bonheur ou le malheur de ceux qui se
trouvaient à même de le connaître.

Son extérieur était toujours le même,
et son costume aussi négligé. Il parlait
peu; mais tout ce qu'il disait était ex-
primé avec une facilité, une élégance
et une concision qui forçaient l'admiration de tous ceux qui l'entendaient.

Cependant sa conversation, loin d'être
tranchante, portait un caractère de
modestie, de sincérité et d'abandon
qui subjuguait sans qu'on s'en aperçût
ni qu'on pût s'en défendre.

Il nous quitta assez tard et reçut
l'invitation de renouveler ses visites.
Il le promit, et tint parole. Ces visites
devinrent bientôt très-fréquentes ; mais
quoiqu'elles amenassent un peu plus
d'intimité, il évitait avec soin tout ce
qui pouvait conduire à quelque explication sur sa situation passée, ou quelque comparaison avec son état actuel.
Il nous laissa même ignorer le lieu de
son domicile ; s'il habitait la ville ou
la campagne, et où il se retirait lorsque, ce qui arrivait souvent, il nous
quittait fort tard. Quoique notre curiosité sur son compte fût vivement
excitée, tous les efforts que nous fîmes
pour la satisfaire n'eurent aucun succès ;
il ne lui échappa pas un mot qui pût

conduire à une simple conjecture , et
toutes nos tentatives vinrent échouer
contre la constante retenue et l'uniforme circonspection dont il s'enveloppait. Son ascendant parvenait toujours à écarter ce degré de familiarité
qui, entre amis , permet d'entrer , sans
indiscrétion, dans l'examen et les détails
de tout ce qui peut intéresser.

Pleyel se croyant autorisé par ses
précédentes liaisons avec lui , à essayer
de soulever le voile qui couvrait sa
conduite mystérieuse, lui rappela leur
ancienne intimité, l'état brillant dans
lequel il l'avait connu , et lui témoigna
son étonnement du changement qu'il
remarquait dans sa situation actuelle.
Il ajouta quelques réflexions sur la
différence qui existe entre un Anglais
et un Espagnol; il alla jusqu'à lui
exprimer sa surprise de le rencontrer
actuellement en Amérique , lorsque
précédemment il paraissait ne devoir

jamais quitter l'Espagne , et il lui ob-
serva même qu'un changement aussi
extraordinaire n'avait pu être provoqué
que par des motifs bien impérieux :
mais toutes ces tentatives n'aboutirent
à rien.

« Tous les hommes, répondit Carwin,
» sont les adorateurs du même Dieu ;
» tous établissent leur religion sur
» les mêmes préceptes ; toutes leurs
» connaissances dérivent de la même
» source ; leurs gouvernemens et leurs
» lois, ayant tous les mêmes bases,
» présentent beaucoup moins de dif-
» férences qu'on ne pense, et toutes les
» nations ne sont que des provinces de
» l'empire général, comme toutes les
» sectes ne sont que des branches de
» la religion universelle.

» Il devenait alors aussi facile de chan-
» ger de patrie et de religion que de
» changer de province ; et de même
» qu'un habitant de Londres, qui vient

» s'établir à Philadelphie, doit se con-
» former aux mœurs et aux usages de
» ses nouveaux compatriotes, de même
» aussi l'on devait, en allant s'établir
» en Chine, se plier à la religion, aux
» habitudes, aux goûts des Chinois, et
» se garder de blesser leurs opinions
» en aucune manière. »

Il paraissait ne pas se douter des
intentions de Pleyel ; ne pas craindre
ses observations ; ne pas chercher à les
éviter. Nous eûmes cependant sujet de
croire qu'il devinait notre pensée. Nous
crûmes quelquefois apercevoir de l'altération dans ses traits, lorsque tout-
à-coup il se trouvait surpris par quelques questions inattendues. Les efforts
qu'il faisait alors pour échapper à nos
recherches étaient d'autant plus grands
qu'il cherchait à les déguiser avec plus
de soin, et c'est parce que nous con-
naissions toute sa pénétration, que son
extrême attention à cacher sa vie passée

et sa situation actuelle, nous donnait
lieu de croire avec raison qu'elle ren-
fermait quelques incidens dont il avait
à rougir, et dont la révélation pouvait
le compromettre.

Cette idée nous rendit plus circons-
pects à son égard. Nous cessâmes de
chercher à pénétrer des secrets qu'il
s'obstinait à ne vouloir pas révéler, et
dont la découverte, suivant toute apparence, pouvait lui causer beaucoup de
chagrin.

Quant à moi, je revenais d'autant
plus facilement de ces préventions dé-
favorables, qu'il prenait à tâche de se
mettre parfaitement bien dans mon
esprit. Très-captivant pour tous, il
l'était plus particulièrement pour les
personnes de mon sexe; mais parmi
elles, toutes ses attentions et tous ses
soins étaient dirigés vers moi, de manière cependant à échapper par une
adresse inconcevable à toute autre

observation que la mienne. Quoiqu'il fût le même, en apparence, près de chacune d'elles, j'étais l'unique but vers lequel se dirigeaient ses actions et ses pensées; et le regard observateur et pénétrant de Pleyel était le seul qui pût accidentellement saisir quelques-unes de ces nuances.

C'était donc sur moi seule que Carwin exerçait son influence; et si, arrêtée par une crainte secrète, et rappelant ma prudence et ma raison, je voulais résister à cette entraînante magie, et chercher à rompre ce charme incompréhensible, en établissant entre nous quelque distance ou quelque réserve, un seul de ses regards lui suffisait pour regagner ma confiance, pour le rétablir dans la plénitude de ses droits, pour me soumettre et me ramener. Son œil étincelant d'un feu électrique, en paralysant toutes mes facultés, m'énervait et me forçait de baisser les yeux, le

visage couvert d'une rougeur involon-
taire.

Ces alternatives de combats et de
défaites furent longues et multipliées.
Il semblait se jouer de mes efforts pour
lui échapper. Confiant dans ses moyens,
il paraissait dédaigner de s'expliquer
plus ouvertement sur ses vœux, ses
désirs et ses sentimens. Qu'avait-il besoin, en effet, de parler, lorsque par
un seul de ses regards il savait si bien
expliquer sa pensée ?

Une seule fois, il lui arriva de me
dire quelque chose de remarquable,
et qui acheva d'établir sur moi son empire mystérieux. Il venait de rompre
une conversation, dans laquelle Pleyel
l'avait si vivement serré, qu'il avait
paru éprouver plus d'embarras que
jamais. Je quittais l'appartement pour
aller au jardin, au même instant qu'il
prenait congé pour se retirer, et nous
nous trouvâmes ensemble, un instant,

dans le vestibule, éloignés de tout
témoin. Il m'arrêta, me prit la main,
et, me fixant avec une attention qui
me fit éprouver un trouble inexpri-
mable : « Clara, me dit-il, on cherche
» en vain à me connaître. Vous seule
» saurez un jour qui je suis. Qu'il vous
» suffise d'apprendre que vous êtes
» celle que je cherche depuis long-
» temps ; que votre cœur m'est bien
» connu, et que je justifierai son choix
» par une juste préférence... Espérez...
» Gardez-vous de Pleyel... Confiance,
» discrétion, si vous ne voulez vous
» exposer aux plus grands malheurs. »
Ces mots me causèrent une grande
surprise et furent pendant long-temps
le sujet d'inquiétantes réflexions. Qu'é-
tait-il donc cet homme étonnant, qui
n'avait pas eu besoin d'apprendre le
secret de mon cœur ; qui paraissait me
donner de l'espoir par pure condescendance ; qui me désignait Pleyel, notre

ami dès l'enfance, comme un être dont
il fallait se défier; qui me menaçait
enfin des plus grands malheurs, si
j'osais manquer de confiance en lui, et
s'il m'arrivait de révéler ce qu'il venait
de me dire? Je me perdais en conjectures.

Convaincus de l'étendue de ses connaissances, nous ne manquâmes pas de
lui faire part des événemens étonnans
qui nous avaient si fort alarmés, et de
le consulter sur leurs causes. Je m'at-
tendais à les lui voir rejeter avec incrédulité ou accueillir avec ridicule, puisque c'était ainsi que j'en aurais reçu le
détail peu de temps auparavant; mais
nous fûmes bien trompés. Il entendit
ce récit avec beaucoup de sang-froid,
et sans témoigner aucune surprise. Il
eut même la complaisance d'entrer,
sur ces faits mystérieux, dans un examen très-approfondi; et s'il ne parût
pas convaincu que les hommes peuvent

être admis à une communication immédiate avec des agens invisibles, il ne parut cependant pas en nier la possibilité. Il nous assura avoir eu connaissance, dans ses voyages, d'événemens semblables, en ajoutant toutefois qu'ils ne lui avaient pas paru totalement à l'abri du soupçon de quelque supercherie.

Il nous amusa beaucoup, en nous racontant plusieurs de ces faits, singuliers en apparence, mais qu'il s'attachait à nous expliquer tantôt par des causes naturelles, tantôt par des causes occultes et secrètes. Je l'écoutais avec l'empressement qu'on met ordinairement à éclaircir des doutes; mais je ne rencontrai rien dans les exemples qu'il nous citait, qui fût applicable à ce que nous avions entendu, ou qui pût m'en donner l'explication.

Mon frère, dans tout ceci, saisissait toujours le merveilleux, et admettait la possibilité d'une intervention surnaturelle. Pour Pleyel, loin d'être aussi crédule, il n'admettait que le témoignage de ses sens, et paraissait même douter, au grand étonnement de Wieland, qu'ils eussent été fidèles, lorsqu'il avait reçu l'avis de la mort de la baronne de Stolberg.

Carwin, sans contrarier ouvertement les opinions de Wieland, inclinait cependant en faveur de Pleyel. « Le » talent de l'imitation pouvait, disait-» il, être porté à une grande perfec-» tion. La voix de Catherine avait pu » être parfaitement imitée au pied du » rocher, et une prompte fuite avait » pu dérober l'agent à tous les regards. » Cet agent ayant entendu la conver-» sation de Pleyel avec Wieland, dans » les environs de la rotonde, avait pu » annoncer, au hasard, la mort de » la baronne, et cet événement, par » une chance sur mille, avait pu se

» réaliser. Le cri de secours qui
» s'était fait entendre lorsque j'étais
» étendue sans connaissance, au mi-
» lieu de la nuit, à la porte de mon
» frère, devait provenir de quelqu'un
» qui s'était introduit dans la maison ;
» et il était actuellement inutile de
» chercher quels étaient les motifs qui
» avaient pu l'y conduire. Quant à la
» conversation que j'avais entendue
» dans mon cabinet, il ne pouvait dé-
» cidément la regarder que comme
» un délire de mon imagination. »

Ces explications, quoiqu'elles eussent l'approbation de Pleyel, étaient
loin de convaincre mon frère ; je n'en
étais pas plus satisfaite : car je ne pouvais douter de la réalité du complot
qui avait été formé contre mes jours,
puisqu'il venait de m'être confirmé
dans la grotte, par un avis sur lequel,
d'après l'injonction qui m'avait été faite,
j'avais gardé le plus profond silence.

Ce qu'il y avait de plus douloureux, c'était que mon frère, très-enclin, comme on l'a vu, à la mélancolie, et dont l'imagination était faible et exaltée, paraissait convaincu que quelque puissance surnaturelle dirigeait tous ces faits mystérieux, auxquels il mettait la plus haute importance. Sa tristesse s'était accrue à un point effrayant. L'objet qui paraissait le tourmenter le plus, était de pénétrer, disait-il, les vues secrètes qui avaient pu déterminer l'agent à emprunter l'organe de son épouse, toutes les fois qu'il s'était fait entendre; et dès cette époque, il envisagea Catherine comme étant destinée à accomplir quelque grand dessein de la Providence.

Le reste de l'été s'écoula sans aucun incident remarquable. Toujours même obscurité sur le compte de Carwin, toujours même engouement de ma part. Cet engouement même n'avait fait

fait qu'augmenter avec une rapidité alarmante. Mais ignorant ses véritables sentimens et ses projets, j'étais en proie à une tristesse insurmontable.

Malgré notre éloignement de la ville, où l'on supposait que Carwin faisait sa résidence habituelle, il venait fréquemment chez mon frère, et, comme les approches de l'hiver commençaient à rendre les jours très-courts, il lui arrivait souvent d'accepter un lit et de passer la nuit sous notre toit hospitalier.

Pleyel avait cessé de me plaisanter sur Carwin, lorsqu'il s'était aperçu que ses plaisanteries sur l'état de mon cœur n'étaient que trop sérieusement fondées. Il avait insensiblement perdu sa gaieté, s'était éloigné peu à peu de notre société, et était retourné chez lui comme il se l'était proposé à la fin de l'été; ce qui m'avait privée de l'avoir chez moi, la nuit, pour protecteur.

H

Absorbée par de nouvelles idées et de nouvelles impressions, j'avais entièrement perdu de vue mes anciennes craintes, et les dangers auxquels j'avais été exposée dans ma maison. Je fus cependant affligée de l'éloignement de Pleyel. Le chagrin qu'il paraissait éprouver ne me permettait plus de douter de son amour ; j'étais même persuadée qu'il se serait déclaré, s'il n'avait craint de le faire inutilement, et je le regrettais sincèrement dans ces rares intervalles, où la voix de la raison pouvait encore se faire entendre.

CHAPITRE IX.

Cet état d'incertitude devait cependant avoir un terme. Quelque temps s'était écoulé sans que j'eusse vu Pleyel; j'étais tout à Carwin. Un jour que celui-ci avait annoncé devoir s'absenter, mon frère me fit prier de venir de bonne heure dîner avec lui. Je fus d'autant plus surprise de cette invitation, que j'étais presque aussi souvent chez lui que chez moi. Après le repas, qui fut plus sérieux que de coutume, il me conduisit avec Catherine dans un pavillon situé au fond du jardin. A peine y fûmes-nous placés, qu'ils firent tomber la conversation sur Carwin, sur le mystère dont il s'enveloppait; sur son caractère, ses opinions, son assiduité, ses attentions pour moi, et le but qu'il

pouvait se proposer. Ils me demandè-
rent s'il m'avait fait quelques ouvertu-
res, et finirent par me consulter sur
l'état de mon cœur.

Je ne leur cachai rien. « Je ne sais,
» leur dis-je, si c'est de l'amour que
» j'éprouve pour lui. Il a sur moi
» un ascendant irrésistible, et cepen-
» dant il m'inspire souvent un véritable
» effroi. Loin de lui, je sens la néces-
» sité de m'éloigner davantage, et près
» de lui, je voudrais ne jamais le quit-
» ter. Quoiqu'il ne m'ait fait aucune
» proposition, aucune confidence, je
» crois être instruite de ses sentimens;
» je crois qu'il a des desseins sur moi.
» Je n'en puis même douter, et j'avoue
» que je les appréhende: car s'ils étaient
» honnêtes, il n'aurait pas attendu jus-
» qu'aujourd'hui à les déclarer. Peut-
» être aurai-je bientôt besoin de vos
» conseils et de votre protection, pour
» me mettre à l'abri de ses attaques,

» et vous me faites plaisir de m'offrir,
» en me donnant cette marque de con-
» fiance, les moyens d'y recourir au
» besoin. »

Ils parurent rassurés par cette décla
ration. Mon frère m'embrassa, et Ca
therine se jeta dans mes bras. «Ah! me
» dit-elle, quel chagrin cet homme a
» fait à Pleyel !

» — Comment donc, lui répondis-
» je, quel chagrin?

» — Pouvez-vous, ma chère Clara,
» ignorer l'attachement de Pleyel pour
» vous et l'espérance qu'il avait conçue?
» Combien de fois ne nous a-t-il pas
» donné lieu de penser qu'il se croirait
» le plus heureux des hommes, s'il avait
» le bonheur de vous plaire ! Il était
» prêt à vous faire l'aveu de ses senti-
» mens dans le temps même où, en
» introduisant ici Carwin, il devint,
» en quelque sorte, l'artisan de son
» propre malheur. Combien n'a-t-il

» pas déploré l'aveuglement qui le
» porta à se rendre l'introducteur de
» celui qui renversa toutes ses espé-
» rances, et combien n'a-t-il pas gémi
» en secret de votre prédilection pour
» cet inconnu et du fatal ascendant
» qu'il avait pris sur votre cœur ! Il
» connut bientôt toute l'étendue de
» son infortune, et nous quitta en ver-
» sant des larmes bien amères sur les
» malheurs qu'il pensait que vous vous
» prépariez. — « Si elle ne doit pas être
» à moi, nous dit-il, ah! par grace,
» employez toute votre influence pour
» la tenir en garde contre cet homme
» que je n'ai que trop connu ; pour
» empêcher qu'elle ne soit une nou-
» velle victime de ses artifices, ou
» même, qu'elle ne lui accorde sa
» main, si, contre mon attente, il
» pouvait consentir un jour à s'unir à
» elle. »

« Nous avions conçu l'espoir, chère

» Clara, lors de la mort de la baronne
» de Stolberg, de voir notre amitié
» resserrée par ce double lien. Pleyel
» vous aimait, même avant cette épo-
» que; l'honneur seul, des engage-
» mens inconsidérément contractés, le
» liaient à la baronne. Il se fût sacrifié,
» sans doute, à ces engagemens : il
» dut donc se consoler aisément en s'en
» voyant dégagé. Sensible à vos char-
» mes et à vos rares qualités, il vous
» aima; il espéra toucher votre cœur,
» ce cœur qui penchait vers lui dès
» l'enfance, et dans lequel l'estime et
» l'amitié devaient donner accès à
» l'amour; mais il perdit l'espérance
» au moment même où rien ne l'em-
» pêchait plus de s'y livrer. Il en
» mourra; il périra misérablement s'il
» vous voit malheureuse. Eh! pouvez-
» vous ne pas l'être, en cédant au
» penchant qui vous entraîne? Profitez
» donc de votre raison, de vos craintes,

» de vos pressentimens, pendant que
» vous le pouvez encore. Rappelez à
» la vie le seul homme qui soit digne
» de votre amour, le seul qui puisse
» vous rendre heureuse, le frère de
» votre amie, de votre Catherine. Écar-
» tons ce Carwin, cet homme inconnu
» et dangereux; qu'il aille cacher dans
» nos forêts son existence mystérieuse;
» cessez de vivre dans l'humiliante dé-
» pendance où il vous a placée, et ac-
» cordez enfin votre main à celui que
» vous pourrez, sans rougir, appeler
» votre époux. Pleyel attend son arrêt.
» Ah ! je vous en conjure, ne privez
» pas Wieland d'un ami, et moi d'un
» frère ! »

Quels combats violens j'éprouvai
malgré ma résignation, pendant ce
discours ! Quoi ! Pleyel m'aimait assez
pour être malheureux ! J'avais su cap-
tiver à ce point les affections de cet
estimable ami ! Je ressentais, malgré

ces combats, un plaisir bien vif dans l'assurance que m'en donnait Catherine; mais le charme existait encore, et me faisait encore sentir son influence. J'aurais voulu en être délivrée; mais je n'avais pas la force de le rompre, et le sentiment qui me liait à Carwin était aussi pénible qu'il était irrésistible.

Je versai un torrent de larmes; j'étais vaincue sans être persuadée. Catherine et mon frère redoublèrent leurs efforts, je cédai; l'éloignement de Carwin fut arrêté; et, guidée par ma raison plutôt que par mon cœur, je consentis enfin à devenir l'épouse de Pleyel.

Mon frère adressa de suite au café que Carwin fréquentait à Philadelphie, et où il avait annoncé devoir passer la soirée, une lettre très-honnête, par laquelle, en ménageant son amour-propre, il le priait de trouver bon que leur liaison fût suspendue jusqu'à l'époque où il se serait fait plus amplement

connaître. Carwin ne pouvait se plaindre d'une mesure de prudence, qui aurait dû être employée beaucoup plus
tôt, et nous étions bien convaincus,
d'après les efforts qu'il avait faits jusqu'à
ce jour pour éluder nos recherches, que
la condition imposée équivalait à un
bannissement perpétuel. Mon frère ter-
minait, d'ailleurs, sa lettre en lui annonçant mon mariage avec Pleyel. Ce
digne ami devait venir, le jour suivant,
recevoir son arrêt; et me rencontrer
chez Wieland, devait être pour lui le
signal du bonheur.

Le lendemain, je m'y rendis très-
exactement. J'éprouvais encore, à la
vérité, quelque chagrin; mais ce chagrin
n'était pas sans consolation. Combien
de fois, avant ma fatale liaison avec
Carwin, n'avais-je pas formé des vœux
secrets pour l'union que j'étais près
de contracter ! « Je ne veux plus,
» me disais-je, qu'il reste à Pleyel le

» moindre doute sur la nature de mes
» sentimens. Il connaît mon infatua-
» tion pour Carwin; mais il saura non-
» seulement que ma raison le désavoue,
» mais encore que cet engouement cède
» à l'amitié, à l'estime, à mon ancien
» penchant pour lui, et que c'est près
» de lui que je veux puiser de nouvelles
» forces pour éteindre jusqu'au sou-
» venir d'une illusion qui m'aurait in-
» failliblement conduite à ma perte. »

La soirée s'avançait. Il me tardait de
voir paraître Pleyel; mais il ne venait
pas. Qu'est-ce donc qui pouvait l'arrêter?
Il ne pouvait avoir oublié un rendez-
vous qu'il avait si vivement sollicité, et
qu'il attendait avec tant d'impatience.
Une maladie subite, un accident fâcheux, avaient pu seuls le retenir. Triste
alternative! Agité par la crainte et l'espérance, mon cœur battait avec une
extrême violence.

Les heures se succédèrent; la nuit

arriva; mon frère et sa femme partageaient mes inquiétudes. Carwin était
en ce moment aussi loin de ma pensée
que si je ne l'eusse jamais connu ; Pleyel
seul l'occupait tout entière. Le dépit
m'arracha quelques larmes. Pleyel avait-
il changé de sentiment à l'instant même
où je consentais à être à lui? Regrettait-
il la démarche qu'il avait faite ? Abandonnée, méprisée, étais-je devenue la
victime d'une nouvelle illusion? et l'i-
mage riante d'un bonheur pur et inal-
térable allait-elle donc s'évanouir aussitôt qu'elle s'était présentée ? J'avais eu
besoin, peu auparavant, de me faire
violence pour me donner à Pleyel ;
mais actuellement mon amour-propre
blessé venait se réunir à tous les motifs
qui me portaient à désirer de conser-
ver son cœur.

Je rentrai tard chez moi. La nuit
était belle. Trop agitée pour pouvoir
me livrer au sommeil, je me plaçai à

la fenêtre de mon appartement, et là je m'abandonnai à mes tristes méditations.

J'examinai ma conduite à l'égard de Pleyel et de Carwin; elle me fit honte. Je m'étais aveuglément jetée au-devant de l'un, et j'avais, par cette inconséquence, écarté l'autre. Qu'avais-je, en effet, à attendre de Pleyel? Ne devais-je pas craindre qu'éclairé par ses réflexions, il ne m'eût jugée indigne de lui? Je n'avais plus besoin qu'on me représentât combien toute passion, qui obscurcit notre raison ou nous en prive, est condamnable et dangereuse.

Il ne me restait qu'une seule ressource; il ne s'offrait qu'un parti désespéré. Pleyel n'était pas une connaissance de la veille; il était l'ami de mon enfance, celui de Wieland, le frère de Catherine. Après avoir commis tant d'inconséquences, devais-je être arrêtée par la crainte puérile d'en commettre une autre, et de blesser une étiquette

ridicule dans une semblable situation,
en hésitant de l'éclairer et de l'instruire
du véritable état de mon cœur?

Il n'existait, suivant moi, qu'un
moyen de rappeler dans le sien des
sentimens que j'avais dédaignés si long-
temps, et je me décidai à lui écrire. Je
me levai pour me procurer de la lumière; mais je m'arrêtai aussitôt. Un
semblable aveu coûtait à ma modestie,
et me paraissait un outrage impardon-
nable fait à mon sexe. Je me replaçai
près de la fenêtre, et me livrai de nouveau à mes réflexions.

Il me sembla que, quels que fussent
mes torts à l'égard de Pleyel, il n'avait
pu, lorsqu'il était attendu, me traiter,
par une absence volontaire, avec autant de mépris; et il me vint à l'idée
qu'en passant sur un frêle esquif la
Délaware, toujours dangereuse en
cette saison, il lui était sans doute arrivé quelque accident.

Tourmentée par cette crainte et par
les fantômes de mon imagination,
j'avais perdu ce sang-froid qui m'élevait
jadis au-dessus des événemens ordi-
naires; je n'étais plus la même, et je
devais dater ce changement de l'époque
où une passion indigne de moi s'était
introduite dans mon cœur.

Ces idées me conduisirent à déplorer
les malheurs qui empoisonnent la vie,
et dont une conscience sans reproches
ne garantit pas toujours. Qui avait été
plus vertueux, plus digne d'être heureux que mon infortuné père, et qui
avait été plus à plaindre que lui? J'en
avais conservé un manuscrit qui contenait toutes les circonstances de sa
vie, accompagnées d'observations très-
intéressantes. Il s'en trouvait de tellement adaptées à ma situation, que je
voulus les relire avec attention. Il était
tard; mais, le sommeil fuyant ma
paupière, je me décidai à me distraire

par cette lecture, en attendant le
jour.

Ce manuscrit était dans mon cabinet. Je connaissais l'endroit de ma
bibliothèque où il était placé, je n'avais
pas besoin d'y voir pour le trouver;
c'est pourquoi je me déterminai d'abord
à l'aller chercher, et à descendre ensuite pour me procurer de la lumière,
afin de ne point éveiller Agatha, qui
couchait loin de moi. Je m'approchai
donc de la porte, dans le dessein de
l'ouvrir et d'entrer.

Je me ressouvins tout-à-coup du dialogue que j'avais précédemment entendu dans ce cabinet, et je m'arrêtai.
La fatale pendule se fit alors entendre;
un froid mortel circula dans mes vei-
nes, et je restai fixée au milieu de
mon appartement. La nuit était calme;
un silence profond régnait par-tout; un
vent léger, en agitant le feuillage,
m'amenait, par la fenêtre, qui était

ouverte, le bruit lointain de la cascade, qui augmentait encore la solennité du moment; je me sentis défaillir, et j'eus même quelque peine à rassembler mes forces.

Je pris enfin la résolution d'avancer; mais en posant la main sur la serrure, mes doigts, comme paralysés, y restèrent fixés, sans pouvoir agir. Ma terreur s'accrut; il me vint dans l'idée que quelqu'un, qui voulait me nuire, pouvait y être caché, et je crus nécessaire, pour me rassurer, d'aller, avant tout, chercher de la lumière. Je reculai quelques pas; ce mouvement me rendit ma fermeté. Rougissant de ma faiblesse, convaincue que cette lumière ne m'offrirait aucune protection; me rappelant l'avis mystérieux que l'on m'avait donné, que par-tout ailleurs que dans la grotte je serais en sûreté, je m'approchai de nouveau du cabinet, et, d'une main ferme, j'essayai d'en ouvrir la porte....

Ah ! puissé-je perdre l'ouïe avant
que mon oreille soit assaillie de nouveau par l'effroyable cri qui se fit tout-
à-coup entendre ! Non-seulement toutes
mes facultés restèrent anéanties ; mais,
ce cri agissant sur mes nerfs comme
un instrument tranchant, il me sembla
qu'il partageait toutes les fibres de mon
cerveau et qu'il torturait tout mon être
par la plus douloureuse agonie.

Tout perçant et violent qu'il était,
il paraissait provenir cependant d'une
voix humaine ; et quoique les lèvres
d'où il partait semblassent toucher à
mon épaule, pas un de mes cheveux
ne fut agité par l'ébranlement de l'air.

« *Arrêtez ! Arrêtez !* » telles furent
les paroles terribles qui me frappèrent.
Je me jetai en frémissant au fond de
l'appartement, regardant autour de
moi, pour tâcher d'apercevoir celui
qui les avait prononcées. La lune ré-
pandait en ce moment une clarté

douteuse; je pouvais distinguer toutes
les parties de cet appartement, et cé-
pendant je ne voyais personne.

Le plus affreux désordre s'était em-
paré de toutes mes facultés; la frayeur
avait bouleversé mes sens; je tremblais
avec violence; tout mon être était près
de se dissoudre; le cours de mon existence paraissait suspendu : mais comme
l'excès du mal amène toujours quelque
changement, l'état terrible où je me
trouvais ne pouvait être de longue
durée; et je recouvrai, en effet, assez de
présence d'esprit, pour oser m'avancer
et porter par-tout mes regards péné-
trans. Celui, me disais-je, qui, jusque-là, a cru devoir se rendre invisible, peut consentir enfin à se laisser
apercevoir.

L'obscurité totale eût été peut-être
moins à craindre pour mon imagination
effrayée, que la clarté faible et incertaine
de la lune, qui, chaque fois que quelques

nuages la couvraient, chargeait les lambris d'ombres errantes, parmi lesquelles je croyais apercevoir l'objet qui s'était fait entendre. Mon rideau, agité par le vent, ajoutait par un léger bruit à l'inquiétude de ma situation. J'étais tout entière à ce bruit et à ce mouvement; mais j'observais en vain.

Le cri que je venais d'entendre était le même qui m'avait arrêtée, dans mon rêve, au bord du précipice où l'invitation de mon frère allait me plonger. Mais ici je ne rêvais pas. Quelle étonnante réunion d'illusions et de réalités! Mais de quels dangers ces mots! *Arrêtez ! Arrêtez !* devaient-ils donc me garantir? Quel était l'ennemi caché dans ce réduit, et dont, en y entrant, je devais sentir la main meurtrière? Monstrueuse conception !.... Celle de mon frère ?....

Oh, non! il était mon protecteur et mon ami; il ne pouvait vouloir

m'arracher la vie. Je repoussai de suite
cette horrible pensée. Incapable de supporter plus long-temps cette affreuse
incertitude, poussée par le désespoir
et par le désir ardent de dévoiler ce
mystère, je me précipite avec violence
sur la porte du cabinet. Je sens que
cette porte, qui s'ouvrait ordinairement
sans difficulté, est retenue par une force
supérieure à la mienne. Mes doutes
étaient enfin éclaircis ; mes craintes
paraissaient justifiées : exposée au danger le plus imminent, je devais essayer
de fuir, et toute autre à ma place eût
sans doute pris ce sage parti.

Mais, abandonnée par ma raison,
poussée par le désespoir au dernier
degré d'exaspération, loin de fuir, je
redouble d'efforts pour vaincre l'obstacle, et je n'y puis parvenir. Persuadée
que mon frère est en effet dans cet
endroit, mon délire s'accroît, je me
jette à genoux devant la porte : « Ah ?

» permettez qu'elle s'ouvre, m'écrié-je,
» je sais qui vous êtes... Laissez-moi
» vous voir... vous approcher... je
» suis soumise et résignée à tout. »

En ce moment, cette porte s'ouvre
avec fracas, et découvre à mes regards
tout l'intérieur du cabinet. Je n'y aperçois personne. Quelques secondes s'é-
coulent dans le plus profond silence,
sans que je connaisse ce que j'ai à
craindre ou à espérer. Mes yeux restent
fixés sur ce réduit. Bientôt un profond
soupir se fait entendre; je fixe avec
empressement le point d'où il part...
j'aperçois distinctement un objet se
mouvoir; il s'avance lentement... je
distingue une figure humaine, et je recule d'un pas irrésolu à mesure qu'elle
approche. Mon sort allait se décider,
je touchais peut-être au moment de
ma destruction; l'individu se présente
enfin, un reflet de la lune porte sur
son visage, et je reconnais Carwin...

L'étonnement succéda de suite à l'effroi. C'était le dernier individu que je me serais attendue à rencontrer là; le dernier que j'aurais voulu voir, et sur-tout à cette heure, et dans un lieu où des assassins s'étaient jadis réfugiés. Une voix protectrice m'avait avertie, un moment auparavant, du danger qui m'y attendait; j'avais méprisé cet avis, et, au lieu de m'éloigner avec prudence, j'avais osé le braver et rencontrer mon adversaire.

Carwin était donc l'ennemi que j'avais à craindre? A quoi devais-je m'attendre? Je me rappelai le caractère et la conduite mystérieuse de cet homme; ses vues secrètes et son ascendant fatal sur moi. Quel autre motif qu'un dessein criminel pouvait l'avoir conduit là? Comment avait-il pu parvenir à s'introduire dans ce cabinet, toujours fermé, et qui n'offrait aucun accès par le dehors? Je me perdais dans ces conjectures. Seule, sans secours, à peine vêtue, sans aucun moyen de défense, j'avais vu, avec effroi, Carwin se placer en silence entre moi et la porte de mon appartement; son dessein était certainement de s'opposer à ma fuite, et mes cheveux se dressaient en réfléchissant sur ma situation.

Mes idées venaient de prendre un cours bien différent. Mon imagination cessait d'être torturée par la terreur et l'incertitude; mais si la surprise m'avait rendu une partie de ma raison, ce n'était que pour me livrer au sentiment du danger réel auquel j'allais être exposée. J'avais craint d'abord pour une vie, dont ensuite, dans mon délire, j'avais fait le sacrifice; mais je tremblais maintenant pour ce qui m'était plus cher encore, puisqu'en cessant d'exister, je devais vraisemblablement perdre l'honneur.

Le

Le clair de lune me permit de fixer
Carwin avec une vigilante attention.
Aucun de ses gestes, aucun de ses mouvemens ne m'échappait. Son regard,
quoique imposant, paraissait fort ani-
mé; mais je n'y voyais pas assez pour
distinguer ses intentions. Immobile, ses
yeux erraient en silence sur les objets
qui m'environnaient, revenaient sur
moi; et, quand ils me fixaient, j'étais
obligée de baisser aussitôt les miens,
et je sentais mes jambes faiblir.

Il rompit enfin ce silence effrayant:
« Quelle est, me demanda-t-il avec as-
» surance, la voix que vous venez d'en-
» tendre? » Il attendit ma réponse;
mais, me voyant hors d'état de lui en
faire aucune : « Cessez, me dit-il en
» s'approchant un peu, cessez, Clara,
» d'être effrayée. De quelque part
» qu'elle vienne, apprenez qu'elle vous
» a rendu un signalé service. Je ne
» vous demanderai pas si c'est celle

I

» d'une personne qui vous accompa-
» gnait, puisque je m'aperçois que
» vous êtes seule. Le son et l'éclat de
» cette voix me semblent d'ailleurs
» surnaturels ; et la faculté qu'elle a
» eue de vous apprendre que j'étais
» dans ce cabinet, me paraît incom-
» préhensible.

» Mais en vous rendant ce service,
» ajouta-t-il avec un souris amer, elle
» vous aura sans doute appris aussi
» quelles sont mes intentions sur vous.
» Et cependant vous avez osé braver
» le danger ! Vous avez voulu me voir;
» vous l'avez demandé avec instance !
» Ne connaissez - vous pas tout mon
» pouvoir ? Ignorez-vous que si déjà
» vous n'êtes pas à moi, c'est que
» l'instant qui doit m'assurer votre pos-
» session n'est pas encore arrivé ? In-
» sensé que je suis, d'avoir différé
» jusqu'au moment où un agent invi-
» sible vient se placer entre vous et

» moi ! Vous vous croyez donc par-
» faitement à l'abri sous cette égide ?
» Fille téméraire ! Comment avez-
» vous pu parvenir à un assez grand
» degré de confiance et d'audace pour
» croire que vous pouviez impuné-
» ment me défier ? Sachez que, déjà
» deux fois, j'aurais remporté les tro-
» phées de ma victoire, en vous ravis-
» sant l'honneur, sans la main tuté-
» laire qui s'est étendue sur vous; mais
» je méprise une victoire trop facile ;
» les difficultés m'irritent : je saurai
» mettre un terme à la puissance de
» ce protecteur, et déconcerter ses
» projets. En vain vous avez cru
» m'échapper, en me faisant bannir
» et en vous jetant dans les bras d'un
» autre; jamais vous ne lui appar-
» tiendrez : vous êtes à moi, et partout
» je vous poursuivrai, jusqu'à l'époque
» où vous tomberez volontairement
» dans mes bras. »

Il me fixa avec plus d'attention, et mes inquiétudes augmentèrent. Ce ne fut pas sans difficulté que je pus prendre sur moi de le conjurer, en balbutiant, de me quitter ou de souffrir que je m'éloignasse. Il ne tint aucun compte de mes prières et continua ainsi :

« Qu'avez-vous donc à craindre ? » Ne viens-je pas de vous dire que vous » étiez en sûreté, et que je ne vou- » lais ni ne pouvais rien entreprendre » contre vous ? Ne venez-vous pas » d'en recevoir l'assurance ?... Mais, » quand bien même je parviendrais » à vous posséder, pensez-vous que » ce serait un si grand malheur ? Vous » avez eu long-temps la folle pré- » somption de vous croire au-dessus » de votre sexe... Femme audacieuse » et pleine de préjugés, vous n'êtes » même pas une femme ordinaire ! » Croyez-vous qu'il soit nécessaire de » fortifier, par un engagement irré-

» vocable et pénible, le lien le plus
» puissant qu'ait établi la nature? Faut-
» il donc la contrarier pour rendre ce
» lien insupportable? Quelle dérision !
» Pense-t-on, en s'armant et en com-
» battant ainsi contre l'inconstance des
» goûts, éterniser celui qui ne peut
» avoir qu'une existence passagère; et
» s'imagine-t-on enfin pouvoir sancti-
» fier, par une vaine cérémonie, une
» liaison qui n'a aucun besoin, tant
» qu'elle est nécessaire, de l'appui des
» hommes? Vaine présomption! Clara,
» si vous voulez devenir en effet une
» femme au-dessus des autres, écartez
» ces vils préjugés, foulez-les aux pieds,
» et, en vous abandonnant librement
» à moi, parvenez à cette perfection
» que, depuis si long-temps, vous avez
» ambitionné d'atteindre. Vous ne ré-
» pondez pas? Femme sans courage !
» Croyez-vous donc parvenir à cette
» perfection par les privations, par

» les sacrifices, par une renonciation
» totale aux loix immuables qui gou-
» vernent le monde ? Avant de vous
» parer de ce ridicule amour-propre,
» commencez par vous soumettre ;
» et obéissez à ces loix, plutôt que
» d'oser les braver. Ne tremblez donc
» pas, ajouta-t-il avec un rire ironique.
» Je vous désire assez, pour chercher
» à vous convaincre ; mais, si vous le
» préférez, continuez de suivre votre
» chimère. Je vous le répète, vous êtes
» en sûreté ; et comme je ne déteste
» rien autant que la violence, soyez
» bien convaincue que je ne me per-
» mettrai jamais rien qui puisse blesser
» vos préjugés. »

Il s'arrêta. Son regard, son organe,
ses gestes m'en imposaient au point
de m'ôter la force de lui répondre.
Tremblante comme la colombe sous
la serre du vautour, je me sentais
non-seulement en son pouvoir, mais

encore hors d'état de lui opposer la
plus légère résistance. Mes facultés
morales et physiques étaient toutes
suspendues, et je n'éprouvais qu'un
seul sentiment, celui de ma faiblesse.
Ma situation était désespérée. Quand
même j'en aurais eu le pouvoir, il
n'existait aucun moyen de lui échapper; et mes prières, mes larmes, ma
candeur et mon innocence, loin de
pouvoir désarmer cet homme, ne lui
offraient au contraire qu'un nouvel
attrait dans les obstacles qu'il paraissait
aimer à vaincre. Je m'aperçus trop
tard combien était téméraire cette confiance qui m'avait persuadé que toujours la vertu commandant au vice,
peut la garantir contre les attaques
d'un scélérat; puisqu'ici le langage de
la vertu était sans force, et que mon
salut, en ce moment, ne dépendait
que du caprice d'un vil ravisseur.

Il se montrait enfin à découvert,

cet homme mystérieux, dont les discours annonçaient assez les desseins.
Un obstacle imprévu l'avait, disait-il,
forcé de les abandonner pour l'instant.
Quoique cette déclaration dût me rassurer, je sentais qu'en ce lieu et à cette
heure, je ne pouvais être entièrement
tranquille qu'en le voyant s'éloigner.

Mais, silencieux et rêveur, il paraissait méditer quelque projet et s'inquiéter fort peu de ma situation. Je gardais
le même silence. Que pouvais-je lui dire
qui pût lui faire quelque impression?
Quel que fût le but qui l'avait amené, il
était clair qu'il l'avait abandonné. Mais
alors pourquoi restait-il? N'avais-je
pas à craindre que ses réflexions ne le
ramenassent à ses premiers desseins?

Il devina ma pensée : « Bannissez,
» me dit-il, vos craintes puériles. Si
» l'espace qui nous sépare vous paraît
» peu de chose, il m'est cependant
» impossible de le franchir. Tout

» secours vous semble éloigné ; vous
» vous croyez en mon pouvoir ; désa-
» busez-vous : il m'est permis d'essayer
» de vous persuader, mais non de vous
» contraindre. Je ne puis lever un seul
» doigt contre vous ; et je ferais plutôt
» rétrograder le soleil, que je ne pour-
» rais vous nuire en la moindre chose.
» La puissance qui vous protège me
» réduirait en poudre, si j'osais en ce
» moment recourir à la moindre vio-
» lence. Non, je ne la braverai pas,
» cette puissance ; je vais m'éloigner,
» je vais vous laisser reprendre des
» forces et du courage. Je saurai bien-
» tôt si vous êtes en effet une femme
» au-dessus du vulgaire. Adieu, Clara,
» je pardonne encore un reste de fai-
» blesse et de pusillanimité. Méditez,
» réfléchissez ; vous me reverrez lorsque
» peut-être vous y songerez le moins. »

Il me quitta avec précipitation, descendit avec rapidité, ouvrit la porte

extérieure, qui était fermée à clef, et
sortit en la laissant ouverte. Épuisée
par cette scène affreuse, je ne le suivis
pas des yeux, comme j'aurais pu le
faire, par la fenêtre de mon appartement; mais je me jetai dans un fau-
teuil, et m'y livrai entièrement aux
idées tumultueuses qu'avaient dû produire les impressions du danger auquel
je venais d'échapper.

CHAPITRE X.

Il n'était pas facile de rendre le calme à mes sens. La voix de Carwin retentissait encore à mon oreille, et chacune de ses paroles était présente à mon souvenir. Son apparition soudaine, l'effet que sa vue avait produit sur moi, ses discours, aussi singuliers qu'inexplicables, présentaient mille conjectures affligeantes. J'essayai vainement d'écarter ces idées; je restai long-temps, les yeux couverts de la main, dans une pénible rêverie, qu'aucune nouvelle crainte ne vint interrompre, et je ne songeai même pas que je n'avais pris aucune mesure pour me garantir contre une nouvelle attaque.

Qui avait pu me suggérer le désir de parcourir le manuscrit de mon père? A quel sort n'aurais-je pas été réservée, si je m'étais couchée ? Heureuse inspiration ! Je ne me serais donc réveillée que pour pleurer mon déshonneur ! Mais comment celui qui méditait ma ruine avait-il pu pénétrer dans ce réduit ? De quel pouvoir était-il investi ?... Je connaissais donc celui contre les attaques duquel j'avais été si heureusement protégée ! Il venait de jeter le voile impénétrable dont il couvrait son hypocrisie ; et, jusque-là à l'abri du soupçon, il se montrait enfin l'ennemi le plus redoutable.

Caché, la nuit, chez moi, il venait d'avouer ses coupables desseins ; il venait de convenir que c'était là sa seconde tentative. Mais dans quelle circonstance avait-il exécuté la première ? N'était-ce pas lui qui, dans le même endroit, s'était précédemment trahi en parlant bas à un autre ? N'y avait-il pas quelque ressemblance entre sa voix et celle de l'individu qui proposait de

m'étrangler? Aujourd'hui il se trouvait
seul; qu'avait-il fait de son complice?
Il paraissait alors n'en vouloir qu'à ma
vie; mais, cette nuit, en me l'arrachant,
il m'eût sans doute aussi ravi l'honneur.
Quelle reconnaissance ne devais-je pas
au génie bienfaisant dont la tutélaire
intervention m'avait sauvée du plus
affreux malheur!

Cet invisible protecteur s'était cependant rendu sensible à l'un de mes
sens; un cri perçant m'avait d'abord
prévenue du danger. Mon désespoir et
ma témérité me l'avaient fait braver,
et je m'étais jetée moi - même au-
devant du ravisseur. Privée de ma raison, j'accélérais l'exécution de ses projets infâmes, en lui ôtant tout motif
d'hésitation, le temps et la faculté de
se repentir; et, entraînée par une inexplicable audace, j'allais me précipiter
dans l'abyme, lorsque tout-à-coup j'a-
vais vu paralyser les projets de cet

homme, dont la perversité était telle, qu'aucune puissance humaine n'aurait pû la combattre.

Et cependant, cette conduite téméraire était peut-être la seule qui pût me sauver. Carwin dut la regarder comme une preuve que je connaissais ses desseins et le lieu de sa retraite; il dut se croire découvert lorsqu'il entendit cette voix protectrice; il dut en effet s'imaginer que j'agissais par inspiration, lorsque je voulus forcer l'entrée du cabinet, et son audace dut alors se changer en crainte.

Il connaissait donc parfaitement la nature de cet agent mystérieux qui m'était inconnu? Il connaissait toute l'étendue de sa puissance, puisqu'il la respectait et lui paraissait soumis?

Mais quel était le complice qui, en avouant ses liaisons précédentes avec lui, m'avait enjoint, dans la grotte, de n'y plus reparaître, en me prévenant

que là seulement j'étais en danger ?
Par ce qui venait de m'arriver, n'é-
tait-il pas évident que son avis était
trompeur, et n'étais-je pas fondée à
croire qu'il m'avait tendu un piège ?
Ses liaisons avec Carwin étaient-elles
vraiment rompues ? N'avait-on pas eu
quelque autre projet, en me détournant
de visiter la grotte, et ne devais-je pas
soupçonner quelque coupable dessein
dans l'injonction que j'avais reçue de
garder le secret, et dans la menace
terrible que l'on m'avait faite, au cas
qu'il me fût arrivé de l'enfreindre ?

J'étais, pour ainsi dire, la seule qui
fréquentât cette retraite presque inac-
cessible, et par là même si convenable
à ceux qui voulaient méditer des
crimes. Elle avait fait les délices de
mon enfance, et jusque-là elle avait été
respectée. Pourquoi, depuis l'arrivée
de Carwin dans le pays, paraissait-elle
avoir une autre destination ? Était-elle

devenue l'antre de ses coupables méditations ? Était-ce là qu'évitant la lumière et les regards, il projetait, dans
le silence de la nuit, la ruine de l'innocence, la destruction de l'honneur
et de la vertu ?

Je me rappelai les conversations auxquelles jadis Carwin avait pris part,
sur des faits de cette nature. Je cherchai à tirer, des observations qu'il fit
alors, et de sa conduite à cette époque,
quelques conséquences qui fussent en
rapport avec sa conduite actuelle, et
j'y ajoutai quelques rapprochemens
avec sa vie passée. Je me ressouvins
qu'il avait, contre mon témoignage,
regardé comme une illusion la conversation tenue dans mon cabinet par
des assassins, auxquels j'avais fort heureusement échappé. Il n'avait jamais
clairement expliqué son opinion sur
la nature des voix que j'avais entendues;
il n'avait pas dit s'il les croyait surna-

turelles et mystérieuses, et jamais il
ne m'avait recommandé sur tout cela
aucune mesure de prudence ou de précaution. Mais toutes mes réflexions
n'aboutirent à aucun résultat.

Quelles mesures devais-je prendre ?
Étais-je entièrement à l'abri du danger
qui m'avait menacée ? Quelle certitude
avais-je que cet homme, dont je ne
pouvais deviner les intentions, eût
abandonné ses projets, et qu'il n'en
poursuivrait pas encore l'exécution ?

Cette idée me remplit d'une nouvelle
terreur. Redoutant ma solitude, je dé-
sirai le retour du soleil, pour l'abandonner à jamais, et me retirer chez
mon frère. J'eus, un moment, la pensée
d'aller éveiller Agatha et de la faire rester près de moi jusqu'au jour; mais je
n'osai sortir de mon appartement. Je
regardai cependant le retour de Carwin,
qui m'avait volontairement quittée,
comme improbable. Je pensai d'ailleurs

que la puissance qui m'avait protégée
ne m'abandonnerait pas, et que c'était
l'offenser que de douter de la conti-
nuation de sa bienveillance.

Je commençais donc à me rassurer,
lorsque, tout-à-coup, j'entendis mar-
cher quelqu'un qui paraissait approcher
de la maison. Ma confiance m'abandonna de nouveau, et je crus que Carwin, se reprochant de m'avoir quittée,
revenait sur ses pas. L'idée du viol et
du meurtre, se présentant à mon esprit
sous les formes les plus hideuses, m'ôtait
les moyens de pourvoir à ma sûreté ou
à ma défense; et ce fut machinalement
et sans réflexion que je m'empressai de
verrouiller la porte de ma chambre et
d'en fermer la serrure à double tour.
Je retombai sur une chaise, tremblante
et hors d'état de me soutenir : j'étais
tellement absorbée dans l'action d'é-
couter, que toutes mes autres facultés
étaient comme suspendues.

J'entendis bientôt la porte extérieure,
que l'on poussait, quoique entr'ouverte,
crier sur ses gonds, et il me parut qu'on
la laissait ainsi. J'entendis traverser le
vestibule et monter lentement l'escalier. Combien je me repentis de n'avoir
pas suivi mon persécuteur, lorsqu'il
me quitta, et de n'avoir pas tout fermé
sur lui ! Cette inadvertance de ma part
ne devait-elle pas lui persuader que mon
ange tutélaire m'avait abandonnée ; que
le terme de sa protection était arrivé ;
qu'il pouvait impunément la braver, et
que j'étais entièrement à sa disposition?

Chaque pas qui résonnait sur l'escalier et l'approchait de moi, augmentait
mon désespoir. Le danger qui me menaçait devait être, à tout prix, évité ;
mais que j'étais loin de prévoir, quelques instans auparavant, le parti auquel
j'allais me livrer ! Un couteau, à pointe
acérée, se trouvait sur ma table. Je
m'en saisis ; et l'on croira, sans doute,

que, le considérant comme une dernière ressource, je me proposais, si toute autre me manquait, de le plonger dans le sein de mon ennemi.

Telle aurait été en effet ma résolution dans d'autres temps; mais, en ce moment, je n'avais d'autre projet que celui de me détruire pour lui arracher sa victime.

Déjà, on était parvenu au haut de l'escalier. Il ne me restait d'autre espoir que dans la solidité de ma porte. Faible ressource ! Je jetai les yeux vers ma fenêtre qui était restée ouverte. Son élévation au-dessus du rez-de-chaussée, qui, sur toute la devanture, était garni de larges pierres, assurait ma destruction ; et, pour ne pas la manquer, après m'être poignardée, je me serais précipitée la tête la première.

Le bruit cessa quand on fut arrivé à quelque distance de ma porte. Écoutait-on pour s'assurer si j'étais sur mes

gardes, ou si je m'étais échappée ?
Espérait-on m'attaquer par surprise ?
Mais alors pourquoi ne pas cacher le
retour ? Je respirais à peine. On s'appro-
cha très-près de la porte, et, après un
instant d'hésitation, on posa une main
sur la serrure ; mais, en essayant de
l'ouvrir, on ne mit d'autre force dans
ce mouvement, que celle qui aurait été
nécessaire, si elle n'eût pas été fermée
à clef. S'était-on flatté que j'aurais pu
négliger une aussi sage précaution ?

A cette tentative, je posai un pied
sur la fenêtre, décidée à m'élancer si
l'on venait à la renouveler. J'avais, souvent et avec étonnement, été témoin
de la force prodigieuse de Carwin, et
je savais qu'il ne lui aurait pas fallu
faire un grand effort pour rompre cette
faible barrière. Les yeux fixés sur elle,
et m'attendant à voir paraître mon ravisseur, je mesurais alternativement et
avec un désespoir concentré, le peu

d'intervalle qui me séparait de l'éternité :
le silence le plus profond continua
de régner, et l'individu, toujours immobile, paraissait irrésolu.

Il me vint tout-à-coup à l'idée que
Carwin, ayant trouvé la porte extérieure ouverte et celle de ma chambre
fermée, devait croire qu'aussitôt après
sa sortie, j'avais dû m'être échappée ;
et ce n'était qu'en évitant le plus léger
bruit, que je pouvais le confirmer dans
cette opinion. Cet espoir s'accrut lorsque je l'entendis s'éloigner. Mon sang
recommença à circuler librement; mais
cette consolation s'évanouit bientôt,
lorsqu'au lieu de descendre, je l'entendis s'avancer vers l'appartement qui
était en face du mien, l'ouvrir brus-
quement, et, après y être entré, en
fermer la porte avec une violence qui
fit retentir toute la maison.

Quelle interprétation pouvais-je donner à cette conduite ? Pourquoi était-il

entré dans cette chambre, qui était
celle qu'avait occupée Pleyel quand il
séjournait chez moi ? Il était urgent de
saisir la première occasion de m'échapper ; mais comment tenter actuellement
d'exécuter ce projet, sans m'exposer à
une perte certaine ? Mon ennemi me
croyait loin ; aucun asile n'était plus
sûr que mon appartement, tandis que
le bruit qui aurait accompagné ma fuite
aurait donné le signal de la poursuite.

J'attendis donc, en suspens, l'instant
où il se déciderait à partir. Ce fut en
vain ; rien n'interrompit le silence effrayant qui régnait par-tout. A la vérité,
il avait pu sortir d'un autre côté ; il
lui avait été possible, en traversant
la chambre d'Agatha, de gagner, par
un escalier dérobé, une porte de derrière. Mais pourquoi aurait-il préféré
cette sortie dont il ne devait avoir aucune connaissance ? Je tremblais pour
cette malheureuse fille qui devait être

ensevelie dans le plus profond sommeil ; mais quels moyens avais-je pour
la sauver, lorsque j'étais moi-même réduite à me cacher pour éviter le danger ? Je fus donc obligée de me renfermer dans les vœux ardens que j'a-
dressais au ciel, pour qu'il me permît
de revoir le jour, et dans les promesses
que je fis de ne jamais remettre le pied
dans cette fatale maison.

Les minutes se succédaient ; je les
comptais ; elles me paraissaient des
heures. Rien ne se faisait entendre. Qui
pouvait retenir si long-temps Carwin
dans cet appartement ? N'était-il pas
possible qu'au lieu d'y être entré, il fût
retourné sur ses pas, après l'avoir
fermé avec dépit, et qu'il fût sorti sans
que je l'eusse entendu descendre ? Cela
me paraissait improbable ; mais, comme
s'il eût encore été possible d'acquérir
quelque certitude sur ce point important,

tant, je jetai accidentellement un regard
inquiet par la fenêtre.

Le premier objet que j'aperçus, et
que je distinguai avec difficulté, parce
que la lune avait cessé d'éclairer, fut
une figure humaine, debout et immobile, placée à vingt pas de moi et
en dedans de la balustrade. Je ne sais
si la peur me fascina la vue ; mais je
crus apercevoir distinctement Carwin.
Il lui était impossible de me voir ; cependant il franchit à l'instant et avec précipitation cette balustrade, et disparut.

Mes incertitudes étaient dissipées. Il
était évident que Carwin était descendu,
et qu'après être sorti, il était resté en
observation, et avait cherché à s'assurer
si j'avais en effet quitté ma demeure.
Mais comment avais-je pu ne pas l'entendre sortir, lorsque toutes mes facultés étaient tellement concentrées
dans mon ouïe que j'aurais entendu le
plus léger bruit ?

K

Je me flattai d'être enfin entièrement
délivrée de cet être redoutable ; mais
il pouvait se présenter encore ; il était
donc indispensable de fermer de suite
la porte extérieure, qu'il avait vraisemblablement laissée ouverte, et cette
mesure était si pressante, que le besoin de l'exécuter me donna la force
de vaincre mon appréhension. J'ouvris
donc avec précaution la porte de ma
chambre, et, dans la crainte d'être entendue, je descendis aussi doucement
que si j'eusse été convaincue que Carwin fût encore dans l'appartement de
Pleyel. Je fermai avec précipitation la
porte de la maison, qui, en effet, était
restée ouverte ; j'en poussai les verroux
avec une violence égale à ma crainte,
et jugeant inutile, après ce bruit, de
garder plus long-temps aucune précaution, je visitai librement les appar-
temens d'en bas, ainsi que la porte de
derrière, que je trouvai bien fermée.

Soulagée d'un poids affreux, je regagnai avec vîtesse mon appartement, dans lequel je m'enfermai avec le plus grand soin.

Je ne devais plus attendre le sommeil, après l'agitation dont, pendant toute la nuit, j'avais été la proie. Le crépuscule, qui commençait à paraître, annonçait le jour que j'avais tant desiré. Je me retraçai tous les événemens de cette nuit terrible, et j'examinai si, en allant instruire mon frère de ma résolution de demeurer désormais chez lui, il était nécessaire de l'informer de tout ce qui venait de se passer. N'avais-je pas à appréhender que Wieland, déjà irrité contre Carwin, ne s'exaspérât davantage contre lui; et que, se portant à quelque fâcheuse extrémité, il ne s'en fît un ennemi redoutable? Ne suffisait-il pas que je me rapprochasse tellement de ma famille, qu'il devînt impossible à cet homme de rien entreprendre ni contre ma vie, ni contre mon honneur ?

Je m'arrêtai à cette résolution qui me tranquillisa un peu. Pleyel se présenta à mon idée comme l'unique protecteur qui, à l'aide d'un titre plus cher encore, devait bientôt me délivrer de semblables attaques. Ah ! combien je désirais qu'il connût déjà mes sentimens, et qu'il sût combien je rougissais de ma faiblesse passée ! Inquiète de ce qu'il n'était pas venu, la veille, s'instruire de ma résolution, mes alarmes se renouvelèrent, et acquirent assez de vivacité pour m'arracher des larmes. A mesure qu'elles coulaient, je me sentais soulagée ; et je vis avec plaisir poindre le jour et approcher l'instant, où, en me réfugiant chez mon frère, je pourrais, tout à la fois, assurer mon repos, éclaircir mon sort, et connaître enfin les causes qui avaient empêché Pleyel de s'y rendre.

FIN DU TOME PREMIER.